全国高校环境艺术设计专业学生优秀作品选 | 毕业设计

本书编委会
中国建筑工业出版社 编

中国建筑工业出版社

图书在版编目(CIP)数据

全国高校环境艺术设计专业学生优秀作品选.毕业设计／
《全国高校环境艺术设计专业学生优秀作品选》编委会编.-
北京：中国建筑工业出版社，2003.1
ISBN 7-112-05575-X

Ⅰ.全... Ⅱ.全... Ⅲ.室内设计-作品集-中国
Ⅳ.TU238

中国版本图书馆CIP数据核字(2002)第099556号

责任编辑：郭洪兰
装帧设计：蔡宏生

全国高校环境艺术设计专业学生优秀作品选
毕业设计

本 书 编 委 会 编
中国建筑工业出版社

中国建筑工业出版社出版、发行(北京西郊百万庄)
新华书店经销
北京广厦京港图文有限公司设计制作
北京佳信达艺术彩色印刷有限公司印刷
＊
开本：889×1194毫米 1/16 印张：8 字数：282千字
2003年6月第一版 2003年6月第一次印刷
印数：1—3,000册 定价：67.00元
ISBN 7-112-05575-X
TU·4898(11193)

版权所有 翻印必究

如有印装质量问题，可寄本社退换
(邮政编码100037)
本社网址：http://www.china-abp.com.cn
网上书店：http://www.china-building.com.cn

本书编委会

主　编：郑曙旸
编　委：王国梁　陈永昌　李炳训　周浩明　金　凯
　　　　陈　易　周长积　任文东　马克辛　苏　丹

参编人员：

中 国 美 术 学 院　王国梁　施　慧
重　庆　大　学　　陈永昌　符宗荣
天 津 美 术 学 院　李炳训　孙　锦
江　南　大　学　　周浩明　郭苏明
哈 尔 滨 工 业 大 学　金　凯　邵　龙
同　济　大　学　　陈　易　关　平　冯　宏　尤逸南
山东建筑工程学院　周长积　周鲁潍　陈华新　郭去尘
　　　　　　　　　李立华　张玉明
大 连 轻 工 学 院　任文东　王东玮　王守平
鲁 迅 美 术 学 院　马克辛　文增柱　王　伟
清　华　大　学　　郑曙旸　苏　丹　李　飒

目 录

前言 ………………………………………………………………… 5

中国美术学院环境艺术系 ………………………………………… 7

重庆大学建筑城规学院室内设计及设计艺术专业 …………… 19

天津美术学院艺术设计分院环境艺术系 ……………………… 23

江南大学设计学院环境艺术设计专业 ………………………… 33

哈尔滨工业大学建筑学院环境艺术设计专业 ………………… 49

同济大学建筑与城市规划学院建筑系室内设计专业 ………… 65

山东建筑工程学院艺术设计系 ………………………………… 77

大连轻工业学院艺术设计学院环境艺术设计系 ……………… 87

鲁迅美术学院环境艺术系 ……………………………………… 101

清华大学美术学院环境艺术设计系 …………………………… 121

前　言

如果将中央工艺美术学院开设室内装饰系作为中国室内设计专业教育的开端，那么，这棵在共和国初创时期栽下的幼苗，经过45年的风风雨雨，已然长成茂密的大树。当初只有一所学校开设的室内设计专业，今天已经在300多所各类高等院校遍地开花。

1957年中央工艺美术学院（现清华大学美术学院）首先开设室内设计专业，当时的专业名称为"室内装饰"。1958年北京兴建十大建筑，受此影响，装饰的概念向建筑拓展，至1961年专业改称为"建筑装饰"。改革开放后的1984年，顺应世界专业潮流的发展，又更名为"室内设计"，之后在1988年室内设计又拓展为"环境艺术设计"专业。10年后的1998年国家调整专业设置，环境艺术设计专业成为艺术设计学科之下的专业方向。

以装饰为主要概念的室内装修行业在我国波澜壮阔地向前推进，已成为国民经济支柱产业，但与此同时在高等教育的专业目录中却始终没有出现"室内设计"的称谓。这场专业定位的笔墨官司也许还要继续打下去，但是由独立的实质内容所决定的专业本身，却以它勃发的生命力蓬蓬勃勃地向前发展着。

室内设计作为一门独立的专业，在世界范围内的真正确立是在20世纪60、70年代之后，现代主义建筑运动是室内设计专业诞生的直接动因。在这之前的室内设计概念，始终是以依附于建筑内界面的装饰来实现其自身的美学价值。自从人类开始营造建筑，室内装饰就伴随着建筑的发展而演化出众多风格各异的样式，因此在建筑内部进行装饰的概念是根深蒂固且易于理解的。现代主义建筑运动使室内从单纯的界面装饰走向空间的设计，从而不但产生了一个全新的室内设计专业，而且在设计的理念上也发生了很大的变化，并直接影响到室内设计课程的设置与教学。其关键点在于是以传统的二维空间模式，还是以创新的四维空间模式进行创作，表现在室内设计的课程教学，就是如何培养学生完整的四维空间设计概念。

当今的世界是一个以多样化为主流的世界。在全球经济一体化的大背景下，艺术设计领域反而需要更多地强调个性，统一的艺术设计教育模式并不是我们的需要。

合并的潮流对于艺术设计教育的影响是巨大的。从理论的概念出发，教育者需要来自多方面综合信息的滋养，高等教育尤其需要各类知识的融汇与熏陶。受教育者恰恰需要不同专业最典型与最具特色的营养，而不是抹去个性特点的大拼盘。因此，个性化较强的专业并不一定要合并成一个所谓大的专业。室内设计在艺术设计的专业类型中具有特殊的定位。其教学在艺术设计中最具边缘性，在艺术概念的指导下，更偏重于理科类型的思维方式。在当前的形势下需要经过我们的努力强化室内设计乃至环境艺术设计的专业概念，使之最终确立相应的学科地位，这样才符合了艺术设计专业总体的发展需求。我们必须在突出个性的前提下融入主流。

显然，统一的专业教学模式不符合艺术设计教育的规律，只有在多元的撞击下才能产生新的火花。作为不同地区和不同类型的学校，没有必要按照统一的模式来制定各自的教学体系。室内设计教育自身的规律，不同层次专业人才培养的水平以及不同的市场定位需求，应该成为我们制定各自教学大纲的基础。

在这样的大背景下，基于以上的思考与认识，在中国建筑工业出版社的鼎力支持下，由中国建筑学会室内设计分会教育委员会牵头，组织我国最早开设室内设计专业的部分学校编辑了这套学生作品集，从中我们可以看出各个学校在不同教学思想指导下所取得的成果。

本套丛书共分三册：1.基础课；2.专业课；3.毕业设计。

郑曙旸

2002年10月5日

中国美术学院环境艺术系

中国美术学院环境艺术系

中国美术学院早在1928年林风眠先生创建国立艺术院时就设有建筑专业,1984年起设立环境艺术专业,1989年正式建立环境艺术系,2001年起增设建筑艺术专业。中国美术学院环境艺术系师资力量雄厚,在全国的建筑、室内、纤维艺术、家具等学科领域享有知名度。本科教育已形成比较成熟的体系,并招收一定数量的硕士和博士生。学院附设有风景建筑设计研究院、万曼壁挂研究室和实验建筑研究中心,作为教学、科研的实习基地。

中国美术学院环境艺术系环境艺术专业的教学以建筑为龙头,向室内、室外两个方向延伸,构建了三条教学主线,即建筑设计、室内设计和景观设计,并以建筑设计为主线。

近年来,我们曾4次调整教学计划和大纲,逐渐消解行业性界限,形成了建筑、室内、环境三位一体的板块结构的新教学思路,倡导模糊性整体整合,做好知识点的链接,培养复合型人才,增强学生择业的适应性。中国美术学院设计学部于2002年9月改革基础课教学结构,设计学部所属4个系8个专业都将制订出与基础课教学结构相吻合的新教学计划和大纲。

中国美术学院环境艺术系十分重视课题化建设。从1999年起,在课题研究基础上相继开出了一系列理论课,如"建筑概论"、"建筑与环境艺术理论"、"工程实用透视"、"室内设计概论"、"室内设计方法论"、"景观概论"、"建筑史"、"建筑结构"等课程。从2002年起,将陆续出版"艺术设计系列教材"。

中国美术学院环境艺术系在众多实力强大的传统学科(中国画、油画、版画、雕塑等)的依托下,教学中十分注重中国传统的理论功底和实践传承,注重文化的重构和创新,使学生具有较为扎实的理论功底和实践动手能力,教学中亦十分关注过程教学和模型教学,实施分阶段打分。

自1999年起,中国美术学院环境艺术系在教学中实行了专业设计讲评制度;自2000年起,为加强学生动手能力,规定了一、二年级课程作业(除电脑设计外)不得使用电脑制作,三、四年级(除毕业设计外)原则上不得使用电脑制作。这两项举措,均取得了明显成效。

本作品集所选作品虽仅是部分教学成果,但仍能反映出我系教学状况的概貌。对每项作业所作的点评系各指导教师所为。

筚路蓝缕,以启山林。我们将继续努力,为艺术设计教学事业竭尽绵薄。

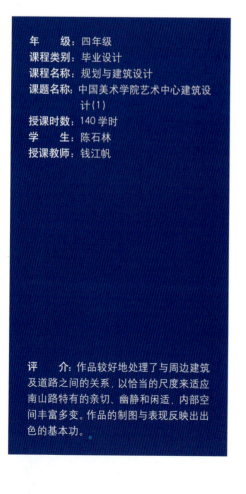

年　　级:四年级
课程类别:毕业设计
课程名称:规划与建筑设计
课题名称:中国美术学院艺术中心建筑设计(1)
授课时数:140学时
学　　生:陈石林
授课教师:钱江帆

评　　介:作品较好地处理了与周边建筑及道路之间的关系,以恰当的尺度来适应南山路特有的亲切、幽静和闲适,内部空间丰富多变。作品的制图与表现反映出出色的基本功。

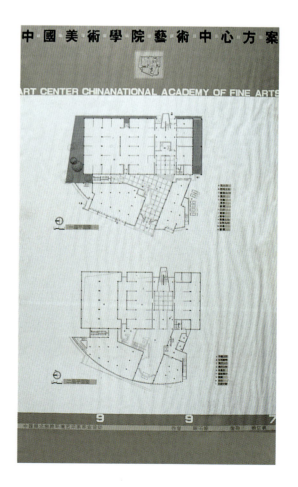

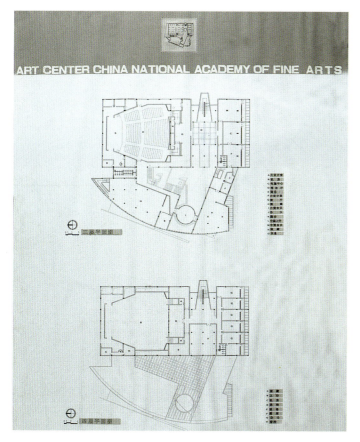

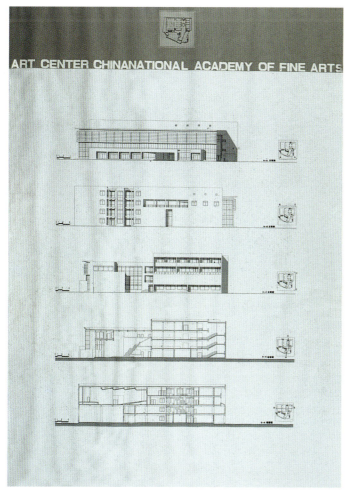

年　　级：四年级
课程类别：毕业设计
课程名称：规划与建筑设计
课题名称：中国美术学院艺术中心建筑设计(2)
授课时数：140学时
学　　生：赵明林
授课教师：钱江帆

评　　介：作品以分层入口的方式较好地解决了复杂功能的分区和交通组织等问题。建筑与周边道路和老建筑的关系恰当。作为学生的毕业设计作品，从中可以看出作者出色的基本功。

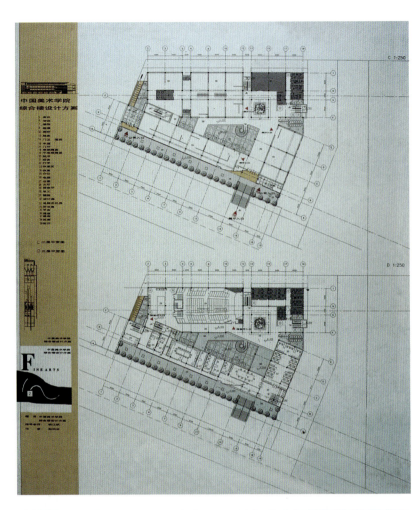

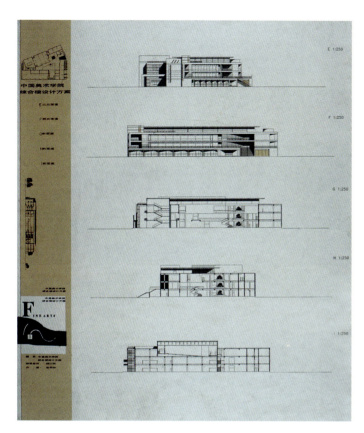
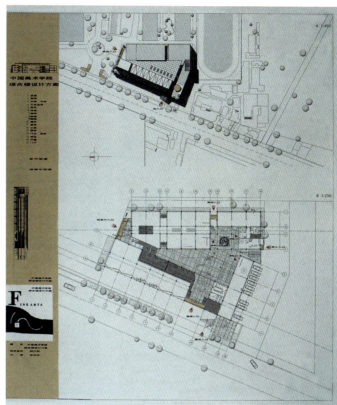

年　　级：四年级
课程类别：毕业设计
课程名称：大学校园规划设计
课题名称：中国美院上海设计艺术分院校园规划、教学主楼及环境设计
授课时数：140学时
学　　生：邬春妮、王　晶、燕　鹏、章琴芳
授课教师：王国梁

评　　介：该工程地处上海市张江高科技园区张江新城NW—6—3地块，地块面积13600m²，建筑总面积27000m²，建筑密度36%，建筑限高45m，绿地率35%。其中教学主楼8000m²，图书馆2000m²，实验室、电脑中心3500m²，美术馆2000m²，风雨操场2500m²，宿舍与食堂5000m²，办公及其他4000m²。该方案功能分区明确，环境优美，造型洗练有新意，注重整体感与艺术性，体现了设计的人文关怀。

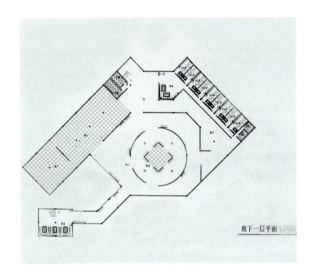
地下一层平面 1:200

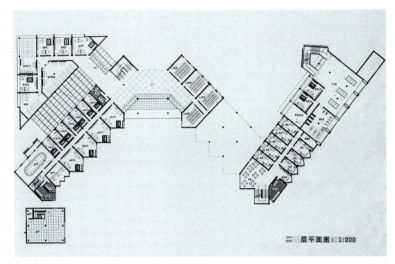
二层平面图：1:200

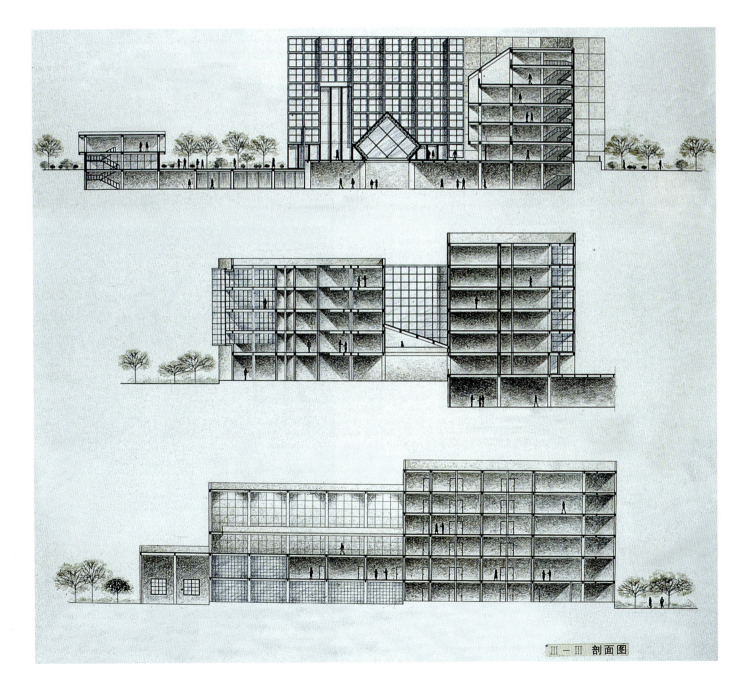
Ⅲ—Ⅲ 剖面图

年　　级：四年级
课程类别：毕业设计
课程名称：规划与建筑设计
课题名称：天湖公寓规划与建筑设计
授课时数：140学时
学　　生：宋曙华
授课教师：钱江帆

评　　介：综合四学年各门课程的知识，进行从环境到建筑单体的综合性设计。该作品探索在运用当代的技术条件，满足人们当今生活需求的前提下，如何去创造具有人性的"灰色空间"，并且将这种空间与人类生活相互融合。

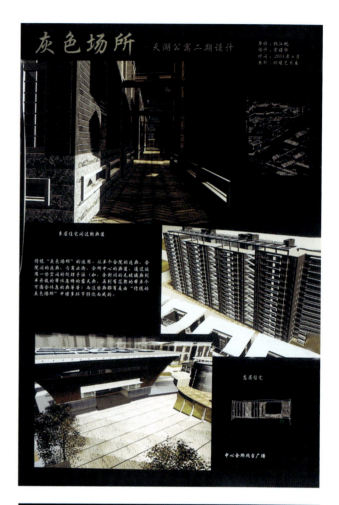

年　　级：四年级
课程类别：毕业设计
课程名称：规划与建筑设计
课题名称：绍兴若耶方周别墅规划与建筑设计
授课时数：140学时
学　　生：陈立超、马哲峰
授课教师：钱江帆

评　　介：作品探索了江南水乡地区居住区规划的新思路和新方法，并且站在一个新的角度来审视江南传统建筑文化的特点，较好地在现代与传统、地域性与世界性中取得平衡。

全国高校环境艺术设计专业学生优秀作品选　毕业设计

年　　级：四年级
课程类别：毕业考察
课程名称：毕业考察
课题名称：丽江古城考察
授课时数：200学时
学　　生：许可、陈琦、高正华、
　　　　　刘剑华
授课教师：武荷荏

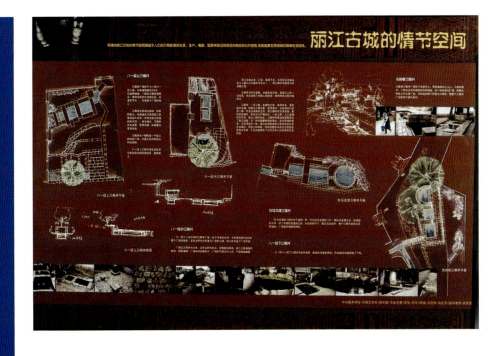

评　　介：该考察小组以丽江古城三眼井等公共空间为线索，研究古城的人性空间。应该说作品切题深入，资料收集、整理、运用均较好，是一组成功的考察作业。

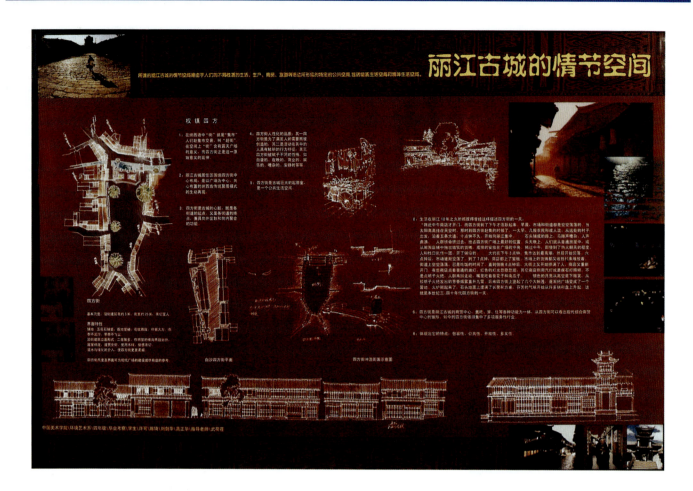

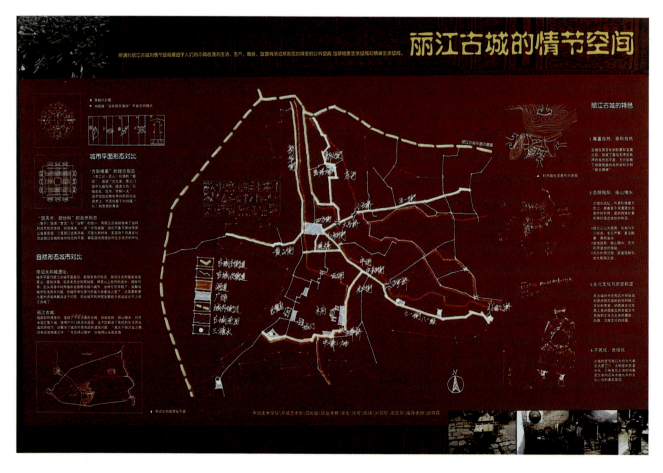

天津美术学院艺术设计分院环境艺术系

一、环艺系概况

天津美术学院环境艺术设计专业始办于1985年，后于1995年正式成立环境艺术系。现有本科生和硕士研究生共150人。近20年来为社会培养了众多优秀的环境艺术设计人才并活跃在全国的环境艺术设计领域和大专院校的教学岗位。

目前，我环艺系正值发展的关键阶段，尤其艺术设计分院建立后学科的整合、新模式的运行、专业课程结构的调整，推进了环境艺术教学与管理工作的深化发展。

二、专业方向与培养模式

环境艺术系设有室内设计与景观设计两个专业方向，教学中以建筑及室内外环境为基础，掌握中外建筑史、设计理论，加强基础修养与专业意识、空间思维、材料与施工工艺等方面的训练并注重环境科学、建筑与园林艺术、社会人文与民族传统文化诸方面的培养。坚持专业理论与实践相结合，培养创造能力与技能训练相结合，全面培养专业素质较强的复合型人才。

三、教学特点与所研究的问题

教学中逐渐增加建筑与建筑理论课程比重，培养学生空间的思维能力，了解中外建筑发展文脉，建立准确清晰的设计概念并通过建筑构造与建筑技术课程，以科学的视角和理性化解析室内外环境艺术设计内涵。在加强中国建筑文化与园林艺术的课程教学中，同时溶入现代时空设计理念，使祖国民族传统文化得以继承和弘扬，继续保持我们的传统特色课程。

在传统的表现技法课程教学同时，注入计算机技术的应用并着重综合能力的训练，而在计算机辅助设计中又强调创造能力的培养。艺术设计学科跨专业的选修课程设置进一步充实了学生专业知识构成，拓展了设计创意思路。

加强专业课程的实践环节，在建筑室内外空间的装饰与装修课程的专题设计中结合工程项目和社会任务进行教学，以培养学生设计思维方式、创造能力、适应社会的能力和解决问题的能力，同时也为环艺系整体教学注入了活力。

为探索环境艺术教学新思路顺应发展潮流，继续完善环境艺术系课程结构及内容，使其日趋达到合理性、科学性与先进性，推进教学、教法的研究，以适应当今环境艺术专业的发展，这其中要强化教学"过程"中重视学生的思维方法与创意能力的培养。

年　　级：1997级
课程类别：毕业设计
课题名称：1、天津地铁规划方案(外檐、站台、中央大厅)
学　　生：穆　颐、张　煌、芮松淳
授课教师：彭　军

评　　介：本方案是以天津地铁(二期)建设项目为题完成的设计方案。本设计无论在整体风格把握和各细部设计，都贯穿着现代的设计理念；构造的形式与选材均折射出现代的设计含量和现代高科技的特征。通过地铁这个公共建筑与设施，反映出了现代大都市的环境理念。本套设计着力突出直线与弧线的对比，空间的穿插以及现代构造的应用都表现出其鲜明的公共空间艺术特色。

本设计作品获2001年"全国艺术院校学生作品展"设计类二等奖。

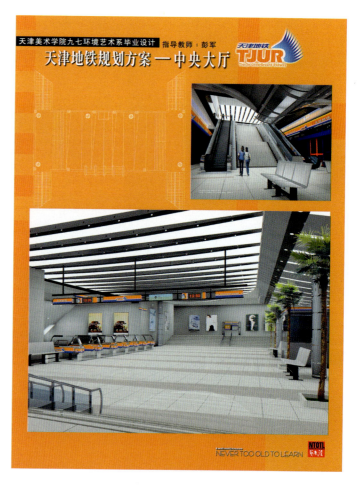

全国高校环境艺术设计专业学生优秀作品选　毕业设计

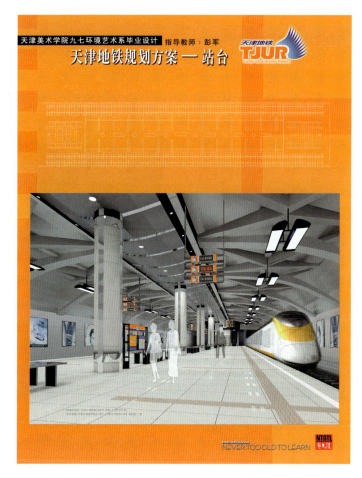

天津地铁规划方案 — 站台

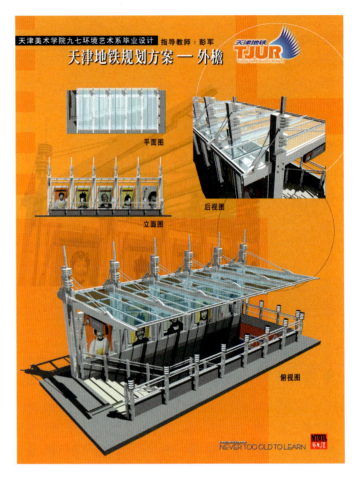

年　　级：1997级
课题名称：2、海河城市建筑景观规划
学　　生：朱彤，田林，王哲，
　　　　　扬光
授课教师：朱小平

评　　介：该方案规划合理，城市景观轮廓线高低错落，变化有致。总体效果气势宏大，体现出现代大都市的气魄。每一栋建筑具有极强的现代主义风格，但又不失后现代的内涵。学生的设计思想有较强的时代感，也体现了建筑就是艺术的精神实质。这些建筑的艺术性也是十分突出的。每一栋建筑都有各自的性格。

天津美术学院艺术设计分院环境艺术系

年　　级：1997级
课题名称：3、鹤缘休闲广场设计
学　　生：刘鹏
授课教师：田沛荣

评　　介：此方案坐落于商业建筑与居住小区相邻地区，为购物与休闲场所。主体建筑形象的构思是以鹤的形态演变而来并加以概念化表达的。建筑由购物、时尚表演与休闲多功能分区组成。主体建筑强化了与水体的依托关系，清澈剔透的建筑将空中走廊直通广场另一端的三层休闲茶楼中，将两个独立的建筑有机串联。而该建筑广场以大量的绿地和水体环绕，充分展现了现代大都市的人们对多彩生活的渴求，从而唤起人们对生态环境的期盼，这也是本案设计的初衷。

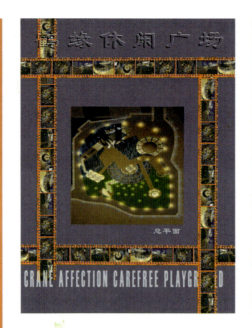

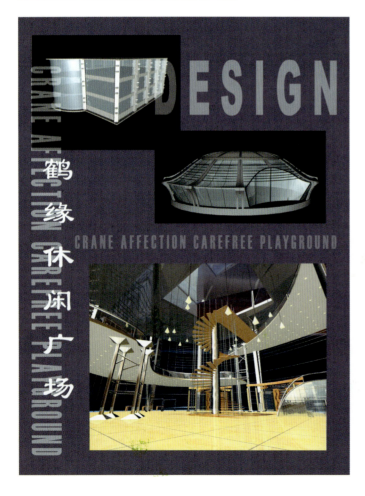
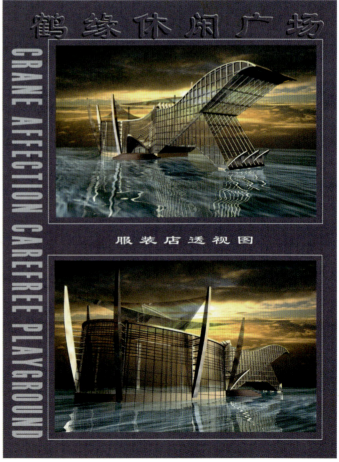

年　　级：1998级
课题名称：4、都旺新城小区景观设计
学　　生：金闻一、孙明博、王　维、
　　　　　高　楠、李汉林、姜　勇、
　　　　　孙　哲
授课教师：彭　军　高　颖

评　　介：该设计以现代景观设计语言诠释西洋传统的风格特征，又与小区内的建筑风格相得益彰，创造以人为本，典雅宜人，颇具艺术特色的景区环境。1、整体风格中求变化，移步换景，园中有苑，突出景区质朴自然的特点。2、景观小品的造型新颖，为居住者提供了富有观赏情趣的休闲环境。3、区内各个功能系统的科学设计，完善了小区的使用功能。道路系统强调了人车分离、以人为主的设计理念；照明系统注重照明与观赏的结合，水景则采用中水循环再利用系统等。

天津都旺新城书香苑环境艺术设计方案　　——设计：天津美术学院

天津都旺新城-梅花园　　——设计：天津美术学院

天津都旺新城-牡丹园　　——设计：天津美术学院

天津都旺新城-入口设计　　——设计：天津美术学院

年　　级：1997级
课题名称：5、某高新技术交流中心设计
学　　生：佟　瑾
授课教师：李炳训

评　　介：该方案是在探讨建筑艺术与现代科学技术相融合的意念中所寻求的一种概念性设计，并试图在高科技建筑流派的艺术轨迹之中漫步寻源，以求得感悟，获几分灵感。作品中以现代的设计理念并采用现代的构造形式及材料，表现了简洁、剔透、错落有致的建筑空间；主楼与群楼之间的衔接、曲面体的应用、内部空间的组织基本上表现了该建筑的概念性主题。

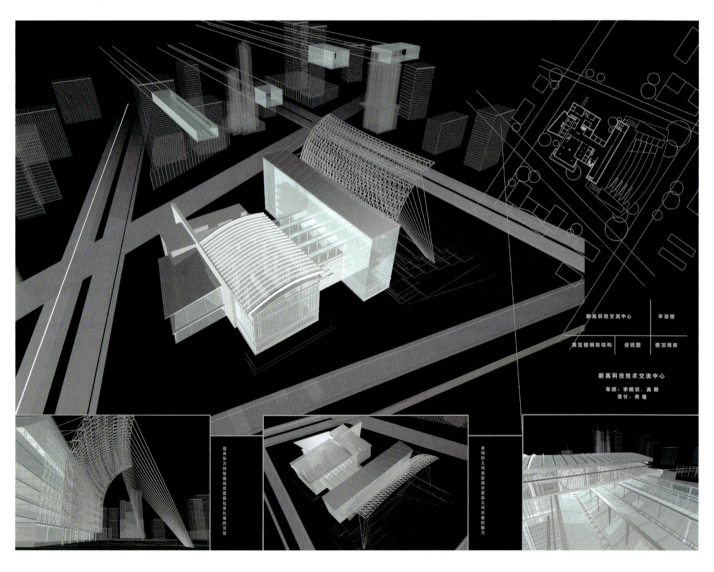

▶ 江南大学设计学院环境艺术设计专业

江南大学设计学院环境艺术设计专业

江南大学（原无锡轻工大学）设计学院创办于1960年，原设有"轻工日用品造型美术设计专业"，1982年扩建为"工业设计系"，1995年又升格为全国第一所设计学院，在办学规模、教育体系、教学质量、科研、对外交流等方面都享有较高的声誉，在同行中有较大的影响。随着1996年江南大学进入"211工程"，设计学院也成为江南大学三个有特色的重点发展学科之一，开始进入了一个全新的发展时期。1998年设计学院"艺术设计学"被评为江苏省重点学科。

江南大学设计学院与日本东京造形大学、日本千叶大学、德国卡赛尔大学、德国柏林艺术大学、芬兰赫尔辛基艺术与设计大学、香港理工大学等众多国际同类院校保持了长久的友好交流关系。德国当代著名设计大师冈特·兰堡、芬兰赫尔辛基艺术设计大学国际著名室内与家具设计大师约里奥·库卡波罗等被我院聘为名誉教授，并每年前来讲学指导，为学院发展起到了导向作用。

环境艺术设计专业（前身为室内设计专业）创建于1985年，在国内设立较早，并已成为设计学院艺术设计硕士点方向之一。通过10多年的建设和发展，已经构建了层次与结构合理的师资和学术队伍，形成了系统的教学体系和富有特色的教学方法，并拥有了较为完整的与教学和科研相配套的设施。

江南大学设计学院环境艺术设计专业课程的教学采用了更为开放的授课方式，注重理论与实践的结合，激发了学生的求知欲，重点培养了学生分析问题和解决问题的能力。

作为教学改革的一个重要部分，设计学院对环境艺术设计专业方向的课程设置作了全面的调整。本着"厚基础，宽专业"的原则，环境艺术设计专业的课程设置十分注重素质教育的加强,在新的教学计划中减少了必修课的课时而增加了选修课的科目与课时，使学生可以根据需要与自己的兴趣来选择课程，从而增加了学生的选择自由度，提高了学生的学习兴趣，也增加了学生的就业面适应性。

在教学中，环境艺术设计专业还十分重视理论与实践的结合，注意对学生实际动手能力的培养。"民族艺术考察"、"传统建筑考察与应用"、"工程实习"等课程均为社会实践性课程。

在前面两年基础学习的基础上，3年级除了继续完成部分基础课程以外，主要是专业设计课程的学习，包括"室内设计"、"建筑设计"、"环境小品设计"、"家具设计"、"城市环境设计"、"园林艺术设计"等。这一年中主要是学习环境艺术设计的一些基本的类型和手法，并特别强调环境艺术设计与建筑设计之间的密切关系，注重学生整体空间意识的培养，防止出现脱离建筑母体的"空中楼阁"式的"环境艺术设计"。这里主要收录了"室内设计"、"建筑设计"和"环境小品设计"3门课程的部分学生作业。

四年级的课程主要包括专业设计课程与毕业设计两大部分，其中专业设计课程全部集中在四年级的第一学期，四年级第二学期为集中的毕业设计时间。专业设计课程包括："建筑设计与规划"、"居住小区规划与环境设计"、"室内设计"、"传统建筑考察与应用"等课程，除了继续深化室内设计、室外环境设计等内容的学习以外，重点强调环境艺术设计与建筑设计、城市设计等学科之间的关系,培养学生从整体出发进行环境艺术设计的能力,同时也培养学生与其他学科之间的配合与协作意识。本书收录的是"环境设施设计"、"建筑设计与规划"以及"室内设计——酒店大堂室内设计"的部分学生设计作业。

毕业设计是学生在校四年来所学知识的一次大总结，也是体现学生设计与研究能力的一次大展示。整个毕业设计过程从调研、考察、设计、研究、表现等共延续半年的时间。毕业设计的成果主要包括设计本身与设计报告或研究论文两大部分，由于出版条件的限制，此处只收录了部分学生毕业设计的设计部分，而不包括其设计报告或研究论文。

毕业设计课题尽可能采用真实课题，但也不排除一些有意义的虚拟课题。既可以是付诸实施的具体设计，也可以是反映学生设计理念的概念设计。在毕业设计过程中，学生的知识面、竞争能力、创新意识、团队精神、设计研究能力得到进一步的培养和发展。近年来,学生的毕业设计作品以全新的设计视野和超前的设计理念引起了建筑与环境专业设计领域人士的广泛关注。

年　　级：四年级
课程类别：毕业设计
课程名称：毕业设计
课题名称：无锡市城市历史与发展展示中心
学　　生：钱兆权
授课教师：过伟敏、朱丽敏、邵剑波

评　介：网络信息时代的到来，城市文化内涵及人的生活行为与工作方式正发生着巨大的变化，城市的改造和扩张亦将不断运用一些新的城市设计语言和物质要素。因此，在建筑的功能转移与循环再利用中如何反映城市文化特色，保护和发展城市形象特征，是城市环境改造设计中的焦点之一。钱兆权同学的方案以江南地区传统城市的肌理和城市街巷空间组合方式为新空间组合和划分的脉络，结合展示建筑的特定要求，适时地把城市的概念引入室内设计，是室内设计方法的一大突破。该方案的室内空间组织层次分明，文化内涵丰富，多个室内空间节点的设置，成为内部空间的高潮和亮点，强化了环境的文化特征。

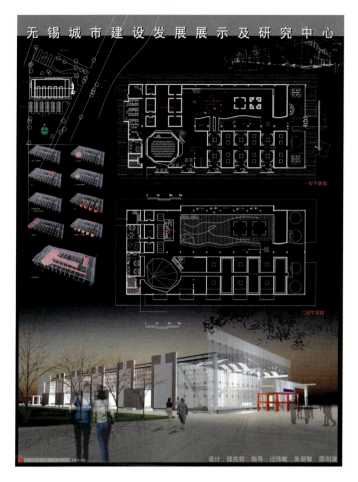

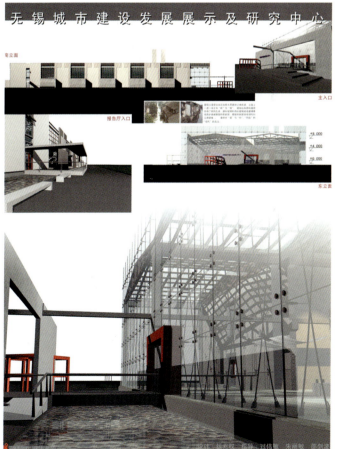

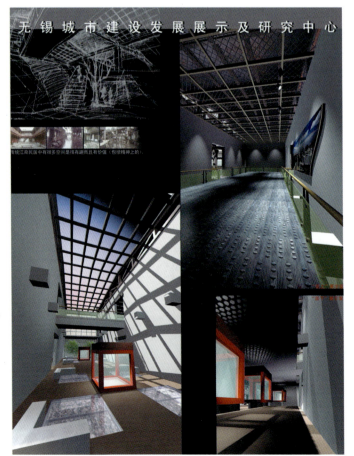
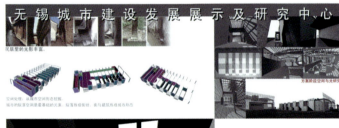

全国高校环境艺术设计专业学生优秀作品选　毕业设计

年　　级：四年级
课程类别：毕业设计
课程名称：毕业设计
课题名称：无锡城市建设发展展示及研究中心
学　　生：邱　冰
授课教师：过伟敏、邵剑波、朱丽敏、陈果为

评　　介：该方案是一旧建筑的改造设计，课题要求将一旧工厂改造为无锡现代城市建设发展展示及研究中心。方案采用加减并用的手法，在充分利用原有建筑主体构架的基础上，对建筑的内部空间进行了着意的经营。通过材料的对比以及空间的围合与穿插等手段，创造出丰富的室内空间效果，使建筑既保留了原有的结构美，又表现出极强的现代感。

无锡城市建设发展展示及研究中心

接待处效果图

旧工厂改造和再利用

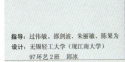
主入口效果图

中庭效果图

这里所有的构件都是无锡小巷子里所常见的，以此可以引起人们的回忆。

铁构件依然表现着工厂建筑特有的魅力，改造和保留两种痕迹并存告诉人们设计者的意图：保留旧建筑主要部分，通过改造将旧建筑的美表现出来。

指导：过伟敏、邵剑波、朱丽敏、陈果为
设计：无锡轻工大学（现江南大学）
　　　97环艺2班　邱冰

无锡城市建设发展展示及研究中心

外观效果图（主入口）

旧工厂改造和再利用

展厅效果图（局部）

中庭效果图（局部）

外观尽可能保持工厂原有的感觉并且暴露一些结构将工厂建筑特有的美表现出来。在其表皮加上一些具有细尺度的构件如：槽钢、角钢、铁丝等。

展厅的设计是十分灵活的，并且与原建筑结构紧密结合，空间的虚空部分与实体部分的关系在这里得到一定的体现。

指导：过伟敏、邵剑波、朱丽敏、陈果为
设计：无锡轻工大学（现江南大学）
　　　97环艺2班　邱冰

无锡城市建设发展展示及研究中心

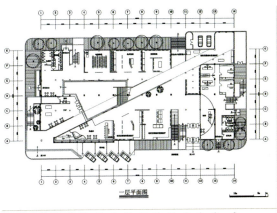
一层平面图

旧工厂改造和再利用

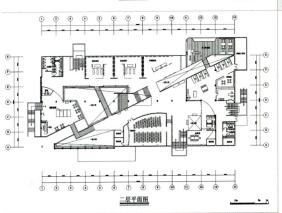
二层平面图

指导：过伟敏、邵剑波、朱丽敏、陈果为
设计：无锡轻工大学（现江南大学）
　　　97环艺2班　邱冰

年　　级：四年级
课程类别：毕业设计
课程名称：毕业设计
课题名称：尚清假日酒店
学　　生：丁盛杰、杜蒋骏、朱　力、
　　　　　潘　翔、赵春耕、管万春
授课教师：毛白滔、刘　星

评　　介：室内设计是一个极具"人性化"的概念，"以人为本"是设计者贯穿于作品的主要理念。"尚清假日酒店"依据太湖的实际地形环境，精心规划，竭力营造出"清风流水来万里；山色湖光共一园"的环境氛围。整个设计意图明确，思路清晰流畅，空间关系丰富和谐。让人尽情享受明净、柔美、温馨、淡泊的动人风情。

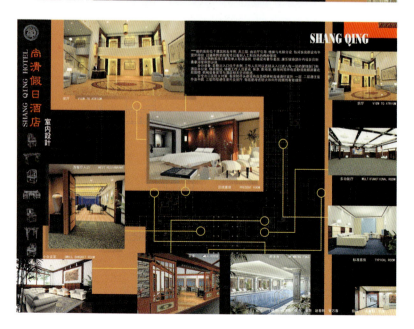

年　　级：四年级
课程类别：毕业设计
课程名称：毕业设计
课题名称：金融办公空间内部环境设计
学　　生：王丽莉
授课教师：杨茂川、吕永新、高亚峰、
　　　　　杜鹏

评　介：该方案的构思出发点在于运用现代的科技手段来进行金融办公室的环境设计，以打破以往办公空间的封闭沉闷感，同时体现时代气息，达到与建筑风格相一致的效果。经过不懈努力，较好地体现了设计的初衷。

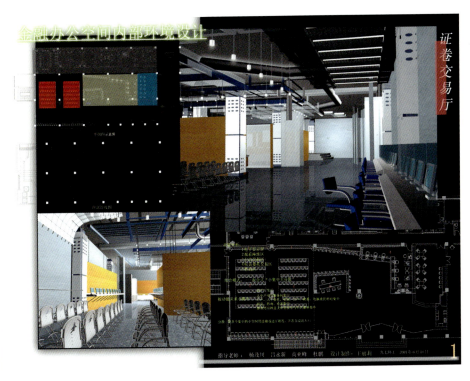

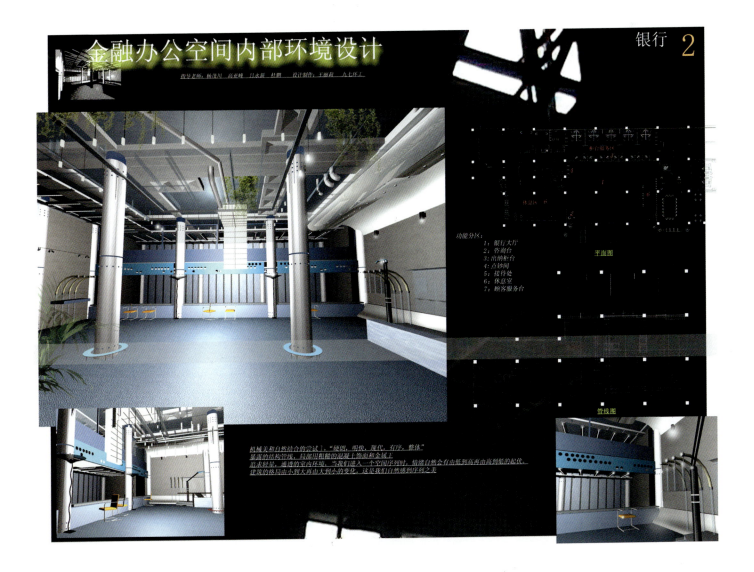

年　　级：四年级
课程类别：毕业设计
课程名称：毕业设计
课题名称：河南渑池博物馆室内设计
学　　生：谢瑞雪
授课教师：杨茂川

评　介：这是一个真实的课题，在现有建筑结构的前提下，对内部空间进行二次设计。在对文化遗产的尊重，并创造与之相应的空间氛围等方面，该方案做了有益的探索。设计从大的空间处理、形式、色彩处理到每一件展示道具均做到与展示空间相辅相成，相得益彰，符合特定地域的文化气质。

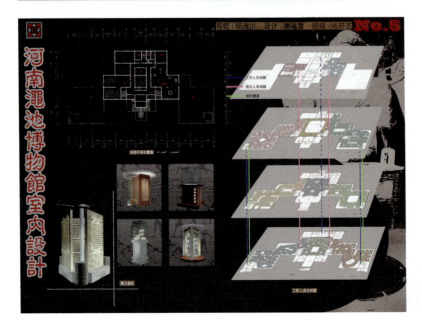

年　　级：四年级
课程类别：毕业设计
课程名称：生态建筑研究
课题名称：化工企业办公楼建筑设计
学　　生：陈伟军
授课教师：周浩明、吴焊、宣伟

评　　介：该建筑为某化工企业办公楼兼招待所，基地为南北向的狭长地带。方案在建筑的布局、朝向、功能关系、采光、通风、太阳能利用、室外环境设计等方面均考虑了生态原则。尽管方案并不成熟，但在学生阶段就对目前最前沿的建筑领域进行探索，这本身就是一种创新。该方案较好地解决了传统与现代、宗教与商业之间的矛盾。

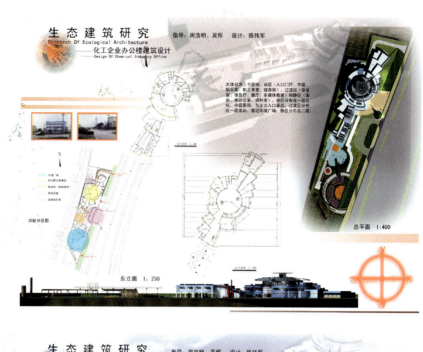

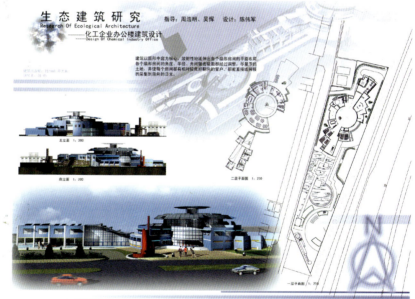

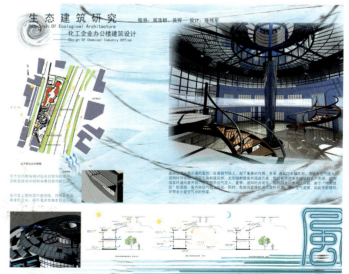

年　级：四年级
课程类别：毕业设计
课题名称：宿迁市国土局培训中心室内设计
学　生：黄国效
授课教师：周浩明、宣　伟

评　介：本工程集培训、餐饮、娱乐、宾馆于一体，建筑本身室内空间及功能要求较为复杂。设计者能够在把握总体功能的前提下，融东西方风格于一体。根据建筑物的空间特点，对各个部分进行细腻地刻划。整个方案形式新颖，特点明确。在版面制作上，设计者能够根据室内设计的要求，合理安排，具体图例详细清楚，整体版面完整统一，效果良好。

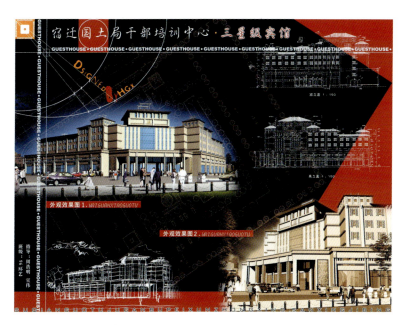

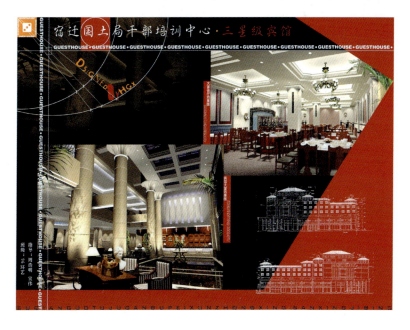

全国高校环境艺术设计专业学生优秀作品选　毕业设计

年　　级：四年级
课程类别：毕业设计
课题名称：无锡灵山佛法宝殿环境设计
学　　生：尚慧芳
授课教师：周浩明

评　　介：宗教建筑是一个较为特殊的门类，具有一定的挑战性。该建筑位于无锡"灵山大佛"景区，是一座集民间工艺品销售、佛教文化展示、佛教文化研究于一体的旅游宗教建筑。设计者紧扣"佛教文化"这一主题，结合原有建筑的结构与空间特征，着意在室内外环境方面渲染佛教文化气氛。立意明确，构思新颖，布局合理，空间层次丰富，创造出一个内涵丰富的现代宗教场所。

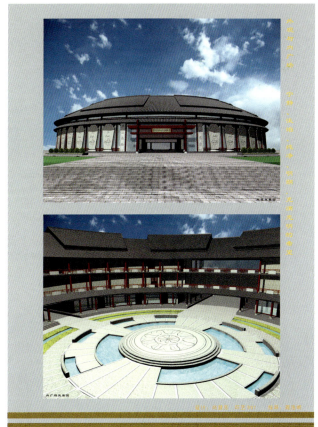

無錫靈山佛法寶殿環境設計 ❼

一层平面图

無錫靈山佛法寶殿環境設計 ❶

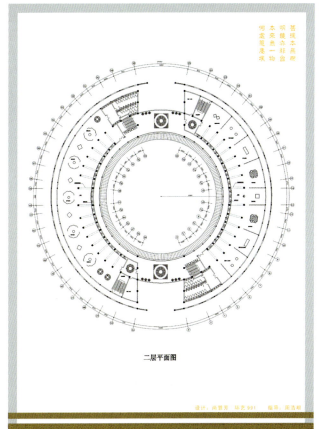

二层平面图

無錫靈山佛法寶殿環境設計 ❸

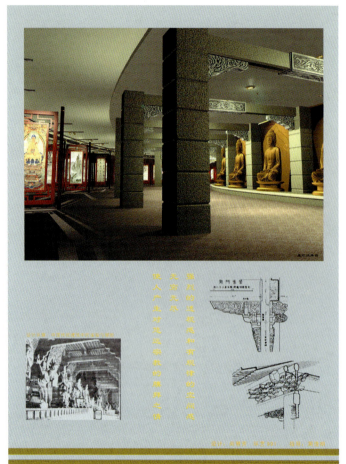

無錫靈山佛法寶殿環境設計 ❽

無錫靈山佛法寶殿環境設計 ❾

▶ 哈尔滨工业大学建筑学院环境艺术设计专业

哈尔滨工业大学建筑学院环境艺术设计专业

  哈尔滨工业大学建筑学院（原哈尔滨建筑大学建筑学院）于1994年创办了环境艺术设计专业，并面向全国招生。环境艺术设计是对人类生存空间的综合设计，它包括建筑内部空间和外部空间及其相关的公共艺术设计，是一个年轻的并富创造力的专业，在教学上有着工科学校严谨的治学态度，又兼有艺术专业浪漫富于激情的创作氛围，是理性与感性的融合，在课程设置上有自己的鲜明的特点：

  1、在基础课程设置方面，充分发挥环艺专业设置在建筑学院的优势，开设了《建筑图学》、《建筑概括》、《设计基础》等建筑学专业的基础课程，意在培养学生扎实的建筑功底，又设有《造型基础》、《素描》、《测绘》等艺术设计的基础课程。在教学中注重艺术修养与加强建筑基础知识兼备的特点。

  2、在专业基础课程设置方面：开设了《壁画设计》、《室内设计》、《装饰雕塑设计》这些具有自身专业特色的课程，又开设了《建筑装饰构造》、《建筑装饰材料》、《中外美术史》、《室内设计原理》等建筑专业的基础理论课，在理论和实践上充分引导学生用建筑语言进行室内外环境设计。

  3、在专业设计课程设置方面，在《室内设计》的教学中，由浅入深，由单体、单一功能到复杂内容、复杂空间的室内设计课题，不强调单纯的"装修"、"装潢"，而是分析建筑的功能、人流量、各种不同性质的空间组织关系，由外到内做整体的合理的室内设计。在《公共艺术设计》、《环境艺术设计》的教学中，站在城市的高度，对环境进行规划设计，不单纯停留在某个雕塑大样，而是让单体充分融入环境中去。在注重作品艺术含量的同时，也培养学生整体的规划能力。形成了对环境的规划设计到单体、雕塑、小品，层层深入的设计特点。

  综上所述，在课程设置上以工程院校为基础，以建筑学科为发展背景及条件，以艺术设计为主线，培养具有坚实的专业理论基础和专业设计及科研能力的环境艺术设计人才，培养能在企事业、专业设计部门、学校、科研单位从事环境与建筑的总体规划设计、室内环境设计、公共艺术设计、园林设计以及教学与科研工作的高级专门人才。

  随着时代的发展，哈工大环境艺术专业日趋成熟，将为社会培养更多的人才，创造出优秀的设计作品，并以其自身广泛的内涵和丰富的艺术创造力，促进大众的精神和物质生活向高水平、高层次发展。

课程类别：毕业设计
课程名称：毕业设计
课题名称：哈尔滨市中心广场设计、联通总部室内设计、哈尔滨地下娱乐城室内设计
课题简介：毕业设计是大学四年本科学习的一个总结，是环境艺术设计专业综合技能的训练，是所学设计方法与理论及有关技术、材料、设备、法规等知识的综合运用，在解决设计中的实际问题的同时，在可能的条件下，对一些新的专业课题进行科研性探讨。毕业设计分室内与室外两组进行，共有三个题目。室内设计是对某一多功能、综合性的建筑进行内部设计，是对过去单一空间到复杂空间设计课题中所学知识的总结与再提高。室外空间设计，是对公共艺术与环境艺术课程所学知识的综合运用，站在城市的高度，由基地的规划到单体设计，做到与环境相融合的整体设计。

  通过毕业答辩培养了学生口头表达能力和图纸表达能力，为走向社会工作岗位打下基础。

课程名称：室内设计
学　　生：张明杰（55～57页）
　　　　　宁　睿（51～54页）
授课教师：邵　龙

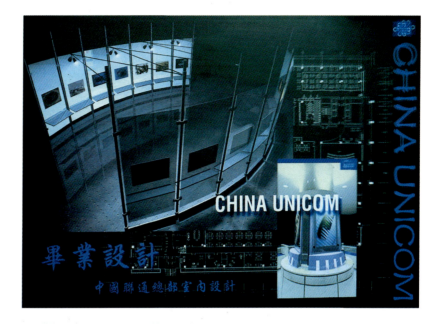

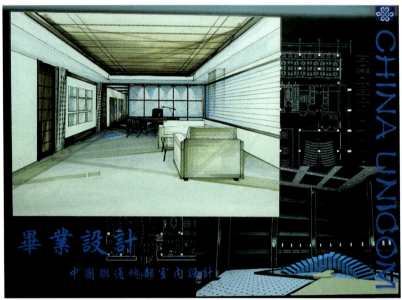
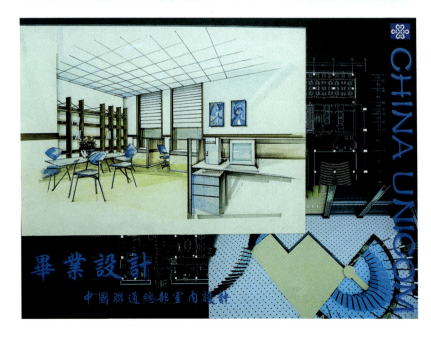

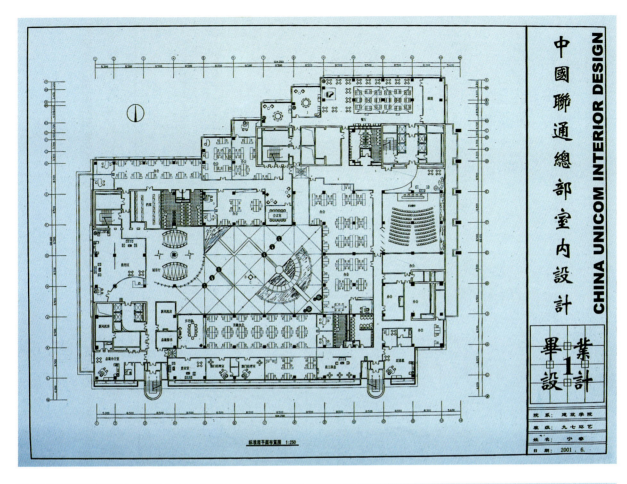

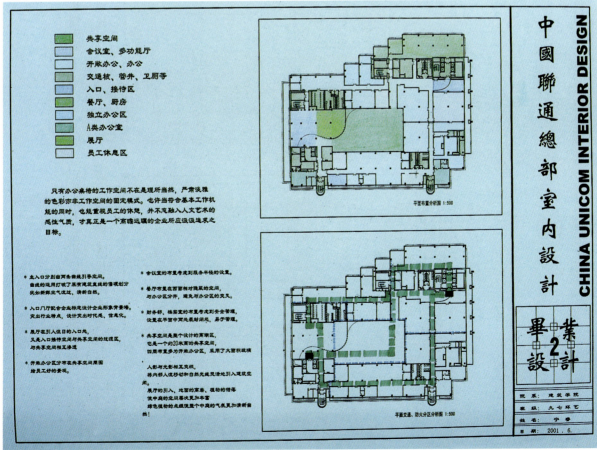

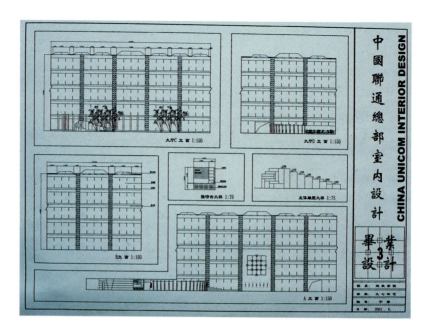

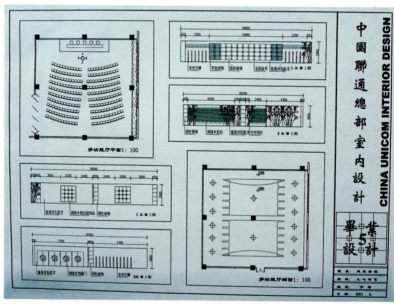

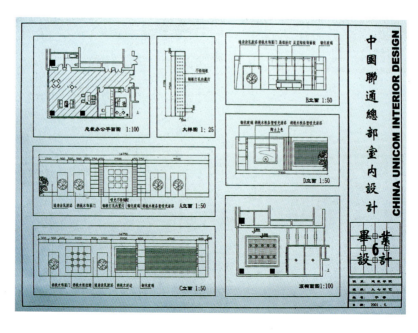

全国高校环境艺术设计专业学生优秀作品选　毕业设计　　55

课程名称：室内设计
学　　生：张明杰（55～57页）
授课教师：邵　龙

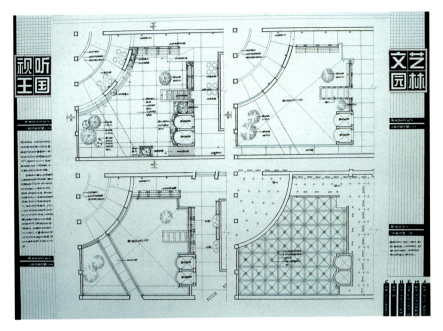

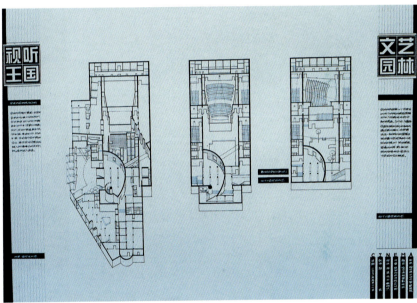

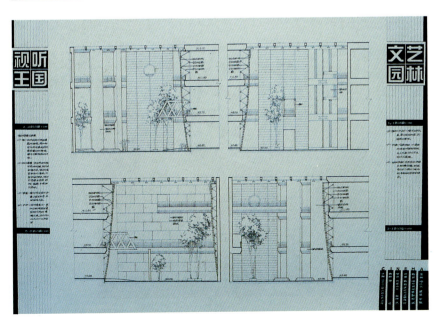

哈尔滨工业大学建筑学院环境艺术设计专业

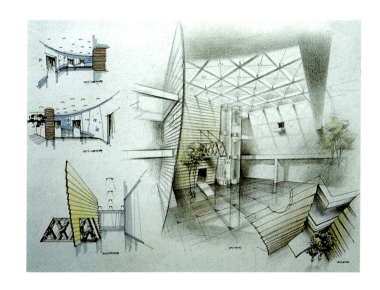
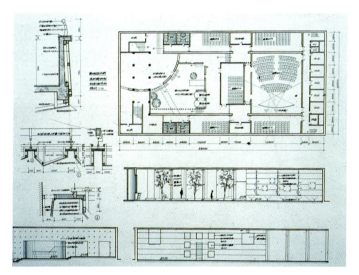
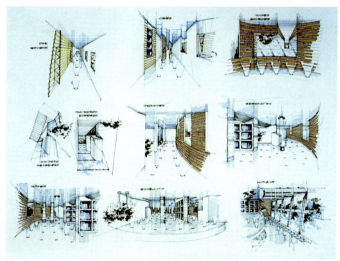
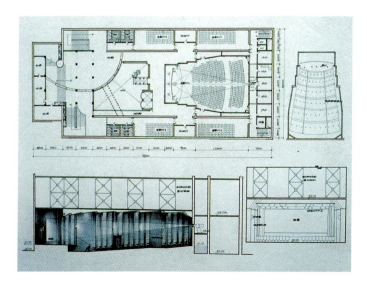
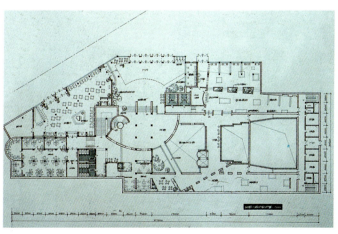

课程名称：室外设计
学　　生：朱　莹（58～60页）
授课教师：杨世昌

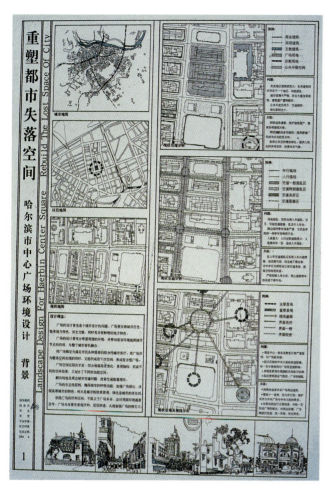
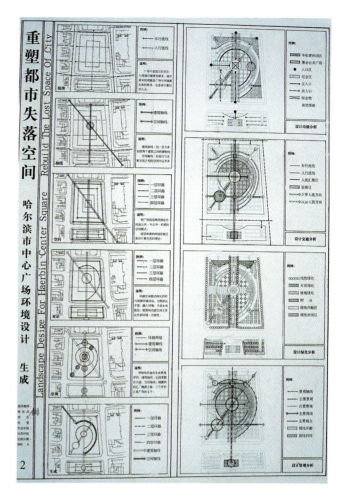
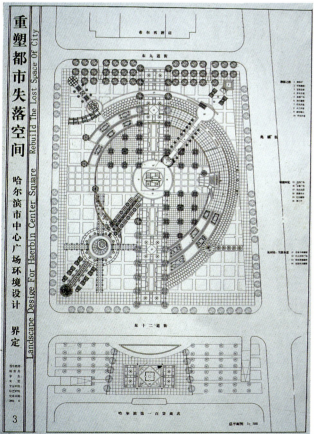
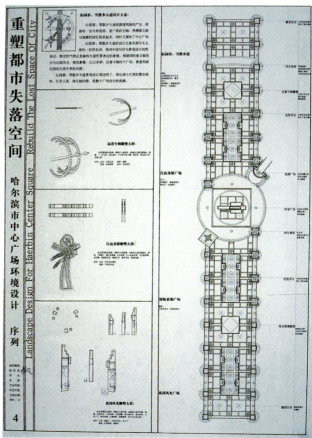

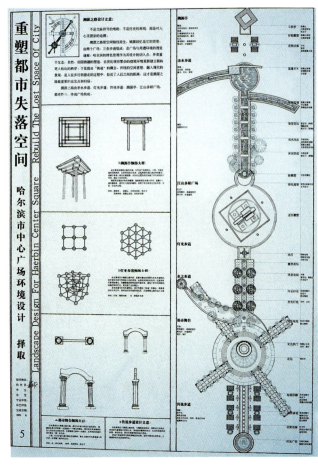
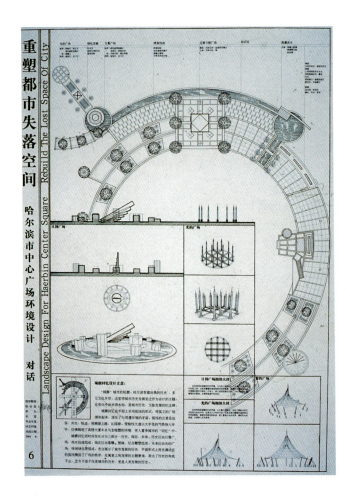
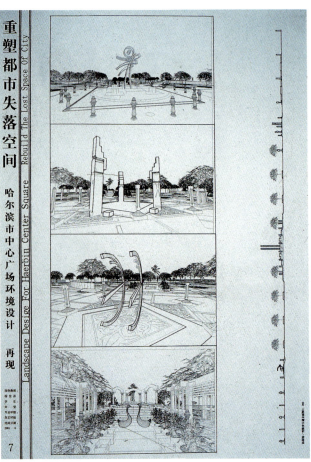

全国高校环境艺术设计专业学生优秀作品选　毕业设计

课程名称：室外设计
学　　生：李　辰（61～63页）
授课教师：杨世昌

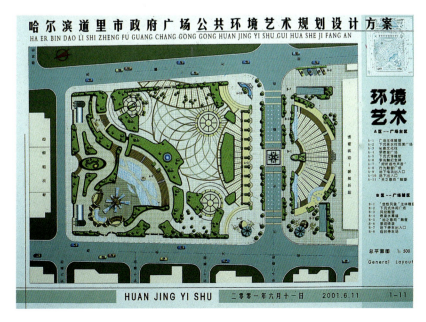

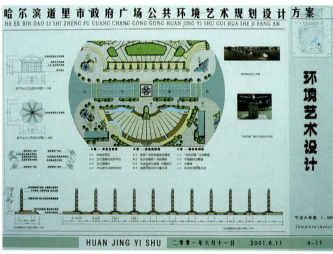
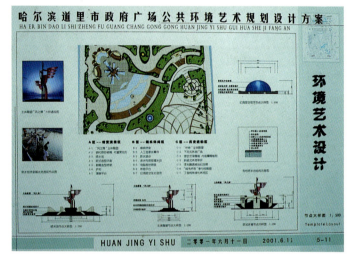
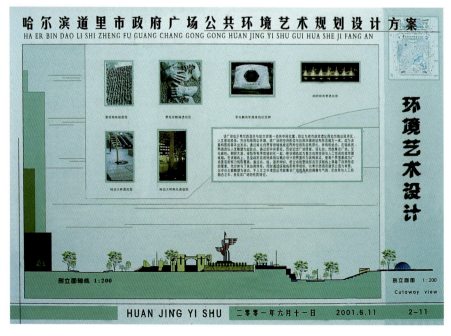

课程名称：毕业设计
学　　生：李　辰
授课教师：杨世昌

64 哈尔滨工业大学建筑学院环境艺术设计专业

课程名称：社会实践
学　　生：集　体
授课教师：邵　龙

哈尔滨市基督教礼拜堂

哈尔滨市基督教礼拜堂

同济大学建筑与城市规划学院建筑系室内设计专业

同济大学建筑系很早就开始了对室内环境的研究,从事与内部环境设计以及飞机、车船的内舱设计有关的教学和科研活动,积累了大量的资料与丰富的经验。自20世纪80年代以来,社会生产力飞速发展,人民生活水平迅速提高,建筑装饰业蒸蒸日上,社会对于室内环境设计专业人才的需求也日益增加,在这样的形势下,同济大学建筑系成立了室内设计教研室,负责全系的室内设计教学工作。

1987年经建设部专业论证会通过,同济大学建筑系开始设置室内设计专业,成为我国最早在工科院校内设立室内设计专业的高等院校之一。20余年来,在各级领导和广大教师的努力下,学制从四年延长为五年,为社会输送了一大批品学兼优、具有较高理论水平和较强实践能力的室内设计高级人才,同时也培养出一批从事室内设计理论探索的研究生,为我国建筑装饰业的发展做出了贡献。

同济大学的室内设计教学充分发挥建筑类院校的长处与特点,致力于把学生培养成既有较高的理论水平,又有很强的实践能力;既有全面的工程技术知识,又有较高的美学素养;既有扎实的基本功,又有独特的创新能力;既有较深的专业知识,又有宽广视野的复合型高级人才。

在教学体系上,建立起以室内设计课为经,其他相关室内理论课为纬,注重实践、持续开放的教学体系。室内设计课是整个教学体系中的主干,在教学过程中又分为基础、专业基础、专业设计和毕业设计等几个步骤,循序渐进地训练学生的室内设计能力。基础阶段主要通过构成作业的训练,使学生了解和掌握思考问题的方法以及一些基本的美学知识。专业基础阶段主要通过小型建筑设计和家具设计等课程,使学生了解建筑设计和家具设计的基本内容,掌握从事设计的方法与步骤,为专业设计的学习打好基础。专业设计阶段主要通过一系列不同空间类型的室内设计作业,使学生熟悉室内设计的构思方法和设计要求,掌握从事室内设计工作的必要知识。毕业设计则是在毕业前夕,组织学生参加较大型的室内设计项目,使之能综合运用以前所学的知识,提高自身的能力,为进入社会做好充分的准备。

室内设计的相关理论课有助于学生掌握与室内设计相关的各种必要知识,使学生能更好地从事设计工作并具有宽广的知识面,使其知识结构更为完善,对实践起到指导作用。在课程设置上,强调理论课程与设计课程的衔接、穿插和融合,力争使学生得到全面的发展。

20余年来,同济大学室内设计教学得到了社会的认可与好评,走上社会的毕业生已经在设计、管理等领域取得了令人瞩目的成绩,为中国室内设计事业的发展做出了贡献。

全国高校环境艺术设计专业学生优秀作品选　毕业设计　　　　　　　　　　　　　　　　　　　　　　　　67

年　　级：五年级
课程类别：毕业设计
课程名称：毕业设计
课题名称：外滩轮船招商局大楼的修复与
　　　　　更新设计
授课时数：180学时
学　　生：郑莉莉
授课教师：左　琰

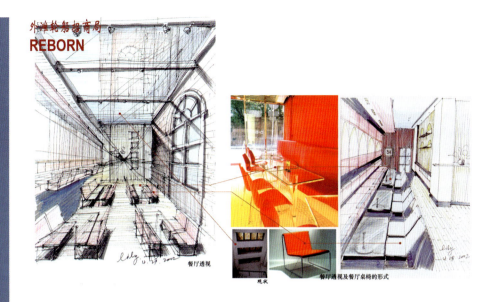

评　介：历史建筑的更新与改造是一项具有挑战性的工作，也是室内设计中的一项重要内容。该作业以上海外滩轮船招商局大楼为对象，分析了原有建筑空间的特征与形态，在尽量保留建筑原有特色的前提下，较好地解决了新与旧、修复与更新的矛盾。整套作业构思清楚、设计细腻、工作量饱满，为今后参加实际工作积累了经验。

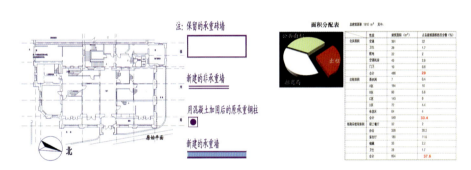

注：保留的承重砖墙
　　新建的非承重墙
　　用混凝土加固后的原承重钢柱
　　新建的承重墙

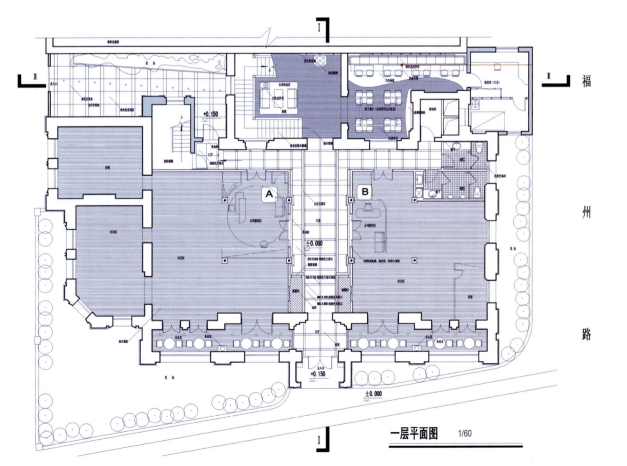

一层平面图　1/60

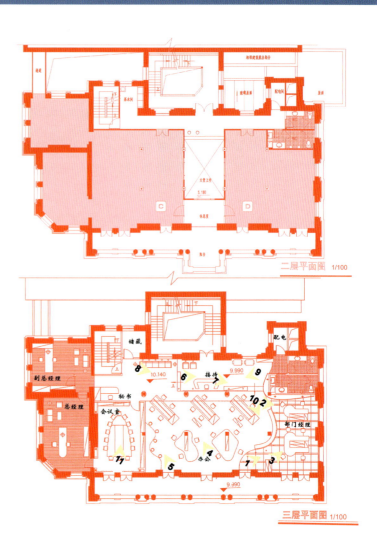

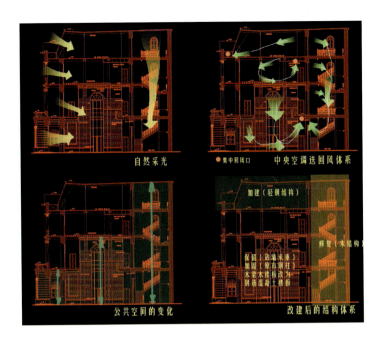

自然采光	中央空调送回风体系
公共空间的变化	改建后的结构体系

现状

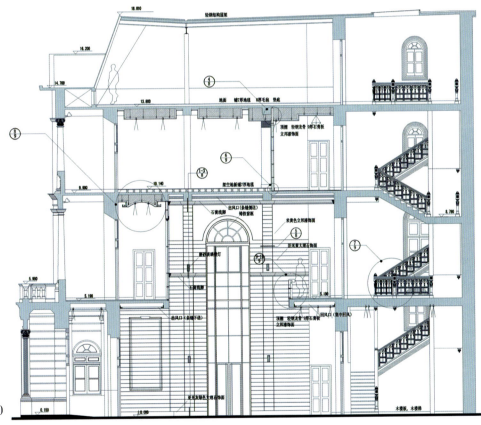

Ⅰ-Ⅰ剖面图 1/50

大堂空间研究模型照片

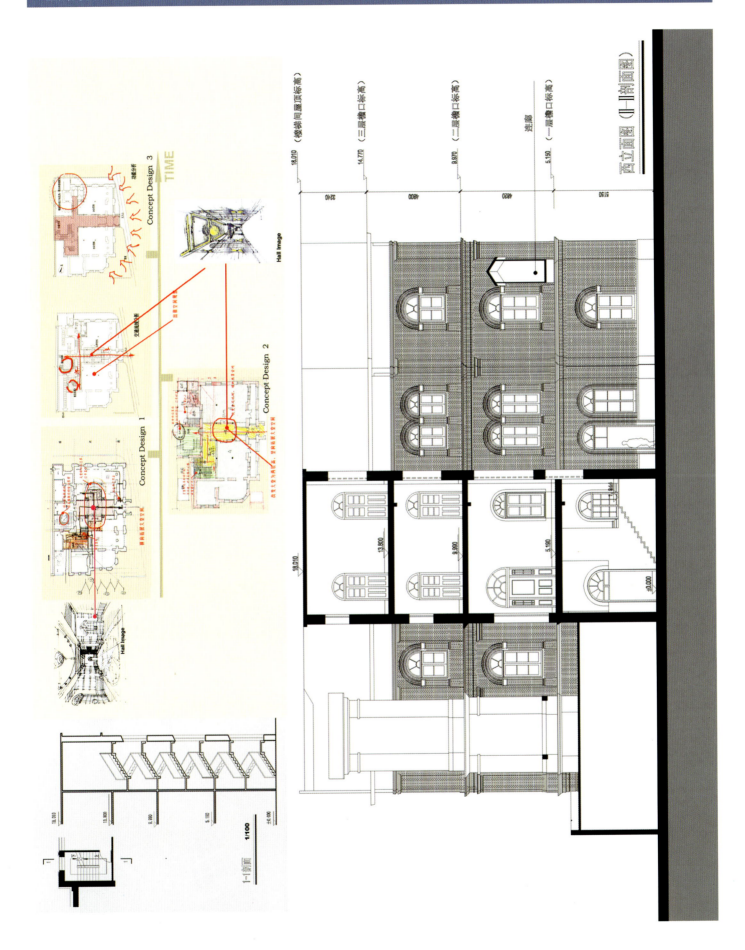

同济大学建筑与城市规划学院建筑系室内设计专业

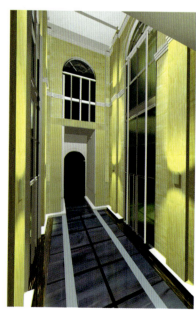

The Lobby

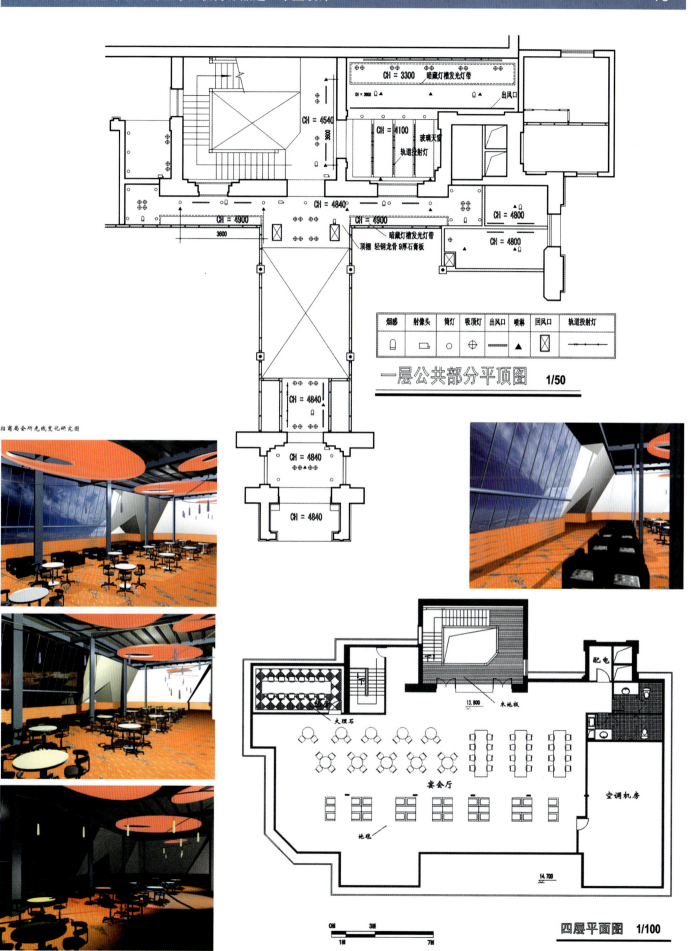

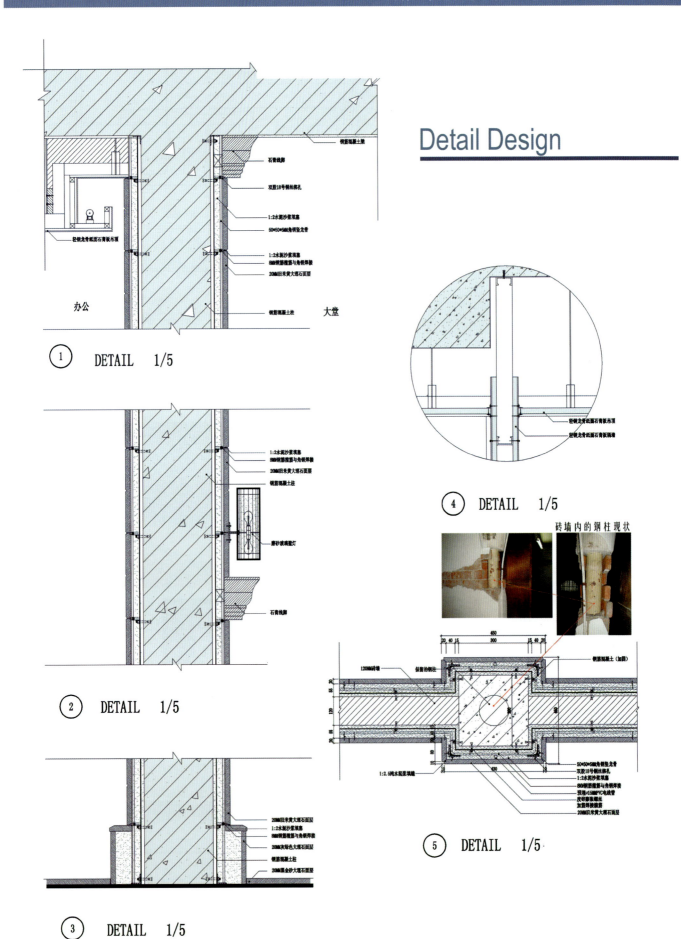

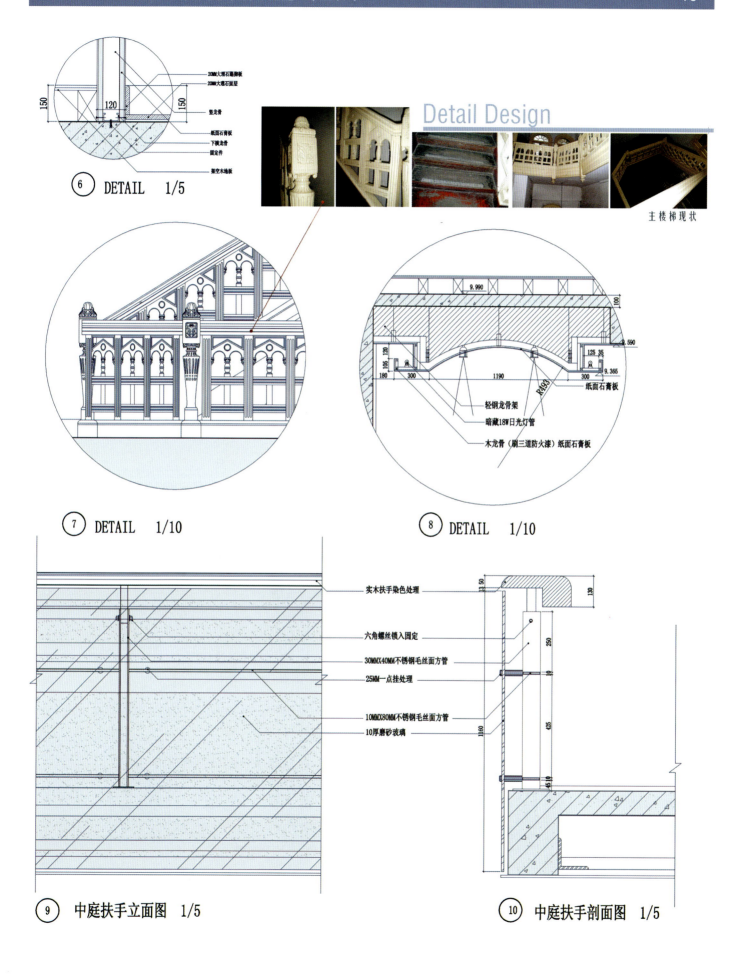

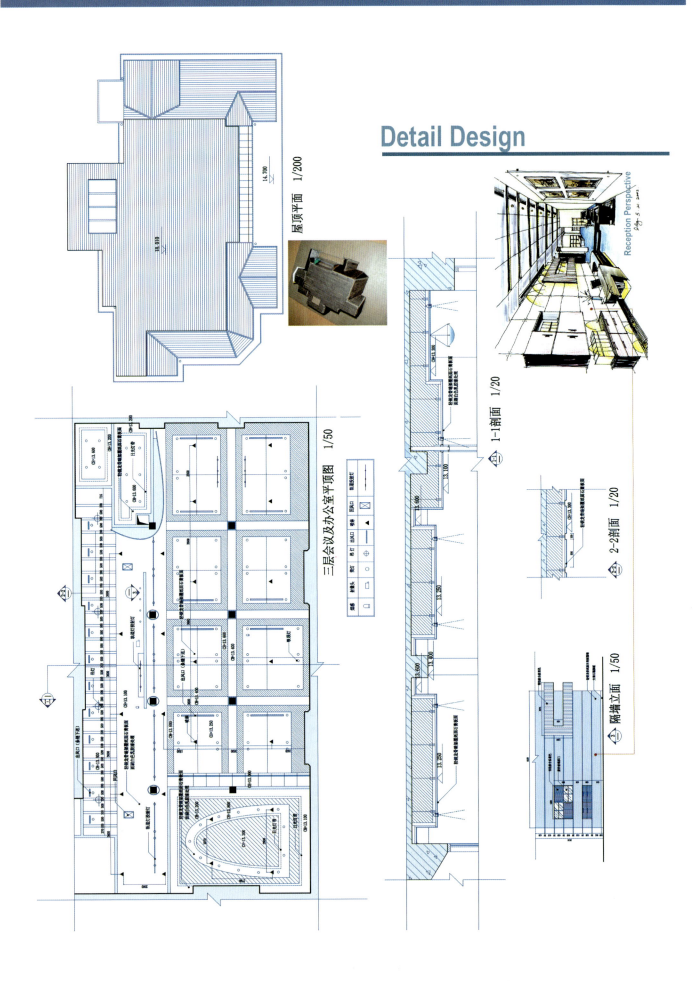

▶ 山东建筑工程学院艺术设计系

山东建筑工程学院艺术设计系

山东建筑工程学院艺术设计系(环境)艺术设计专业已有19年的办学历史。该专业设立于1984年,是山东省最早开办(环境)艺术设计专业的院校。每年招生4个班,120名学生。环境艺术设计专业一直是我省重点学科。随着山东建筑工程学院办学规模的不断扩大,为适应社会对艺术设计人才的需要,1999年以后开始不断扩大招生,新设"美术学"、"工业设计"和"园林设计"等本科专业每年共招收学生300人,同时招收"装饰工程"大专学生60人。毕业分配对口率达到100%。

艺术设计系汇集了省内本专业一流的教授、专家,有多名教师在省内外享有很高的知名度。现有教职工52人,其中正教授5人、副教授12人、高级建筑师2人、副研究员2人、讲师24人,享受国家政府特殊津贴1人,现有博士1人,硕士12人,教师队伍中,中青年教师占到80%。

为了进一步加强学科建设,我们汲取了兄弟院校的管理经验,并结合我系教学管理的实际情况,除按照常规进一步调整和充实教学计划和教学大纲外,又重新调整制定了各项规章制度和岗位责任制。建立了"二书一表"教学检查程序,即"教学任务书、教学计划书和教学进度表",规范量化了教学管理工作。对每一位在岗教师分别建立了教学科研成果档案,从硬件指标上做了量化处理,具有可比性,增加了竞争的透明度,使教学管理有根有据,受到了各方的肯定与好评。

艺术设计系充分发挥本专业与社会工程实践紧密结合的优势,积极探索产、学、研相结合的路子。为了更好地完善艺术设计教学体系和新设专业(工业设计)的发展,找准办学方向,充分发挥建筑特色的艺术设计教育,在教学实践中,进一步明确了艺术设计系的办学方向,取得了明显的教学效果,譬如:强调了理论修养和动手实践教学的特色,从一般的素描扩展到结构素描,从简单的色彩写生课扩充到色彩分析课,从手工制作课扩充到实际工程的应用分析等,以此来启发和诱导学生的设计创新能力,教学相互促进,使年轻的教师更富有活力,年老的教师在原有教学经验的基础上不断更新知识,相互取长补短。

由于专业课程的教学特点,学生不仅需要理论知识的传授,更重要的是需要扎实的基本功和必要的动手制作实践环节,在设计课程中,多次带领学生到施工现场参观、考察、测绘,理论联系实际,真正使学生掌握更多的知识,以更快地适应社会的需求。针对学生完成的各种类型的作业,坚持举办展览,广泛进行交流。特别是我系年轻教师曾经在我省成功举办了现代设计展——"快乐设计",收到了明显的效果,并得到了兄弟院校师生的一致好评。

积极开展科学研究工作。近几年来承担了省、部级科研项目4项,其中"建筑环境艺术设计研究与开发"为省重点科研项目,出版了专著近27部,发表论文、作品200篇(幅),获得国家、省、部、厅等不同级别的奖励30项。

结合专业研究,积极参与社会重大环境艺术设计项目的设计与施工,取得了良好的社会效益。艺术设计系独立设计制作的《和平·进步·自由》大型浮雕壁画,荣获首届全国壁画大展一等奖和国家科技进步三等奖。参加设计的山东大厦济南厅、济南美里湖高尔夫休闲中心、济南泉城路商业步行街工程等,在众多设计单位参与的竞标中荣获一等奖,并被全部采用,受到社会各界的赞誉。

课程类别：毕业设计
课程名称：餐厅空间设计
学　　生：孟庆梅
授课教师：周长积　吴　江

评　　介：本案较好地表现出餐厅空间气氛，并且风格鲜明而含蓄，家具陈设配套一致，细部表达点到为止，可惜灯具设计风格不够明确。

课程类别：毕业设计
课程名称：宾馆空间设计
学　　生：戚　欣
授课教师：周长积、吴　江

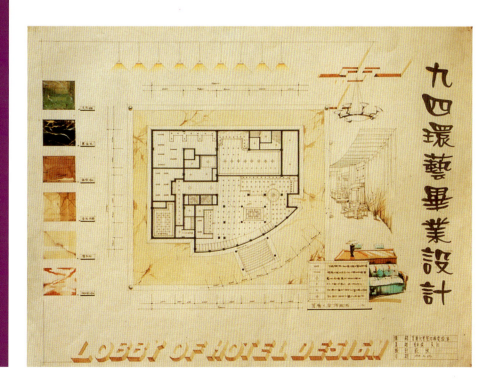

评　　介：本案为某宾馆真题真作，设计构思巧妙，表达手法灵活生动，材料小样、灯具及局部空间表达深入，整个构图饱满、主次分明。

课程类别：毕业设计
课程名称：宾馆大堂设计
学　　生：李振宇
授课教师：周长积　吴　江

评　　介：该案某宾馆大堂设计为真题假作。平面空间分析合理，且详细充分，工程感较强，视图表达较好，但整体缺乏新意，没有特别感人之处。

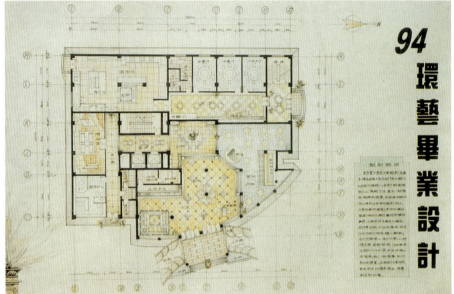

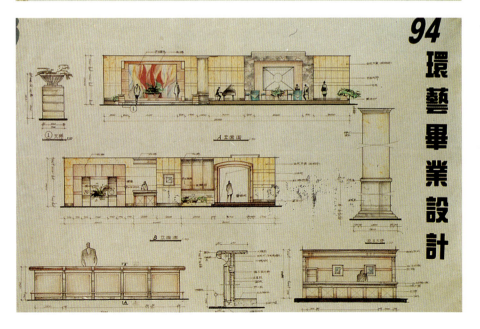

课程类别：毕业设计
课程名称：宾馆大堂设计
学　　生：韩　震
授课教师：周长积、吴　江

评　　介：该案较好地把握了宾馆大堂的气氛，设计较大气，细部处理翔实，但各功能空间连贯性较差，屋顶、地面三角形较突兀。

年　　级：四年级
课程类别：毕业设计
课程名称：公共空间设计
学　　生：任　磊（中）　石菀均（下）
授课教师：陈华新　薛延波

评　　介：此设计方案为现代主义风格，采用工业化材料——金属玻璃，创造出一种理性的，以蓝色调为主的空间，给人一种沉稳，安静的感觉，朱红色的金属刚架又给空间增添一份热情，产生一种现代感较强的艺术效果。

年　　级：四年级
课程类别：毕业设计
课程名称：空间概念设计
学　　生：储艳洁
授课教师：陈华新　薛延波

评　　介：此设计的主调突出重金属感觉较强，设计意识比较超前，设计思想比较活跃，大胆的运用了蓝色调与红颜色作对比，使空间产生了一种既稳定又热烈，即统一又丰富的视觉效果。

全国高校环境艺术设计专业学生优秀作品选　毕业设计

课程类别：毕业设计
课题名称：山东师范大学附属中学幸福柳分校方案设计
学　　生：刘　强
授课教师：赵天蔚

评　　介：该方案设计的鸟瞰图表现细腻，绿化、水面、道路、小品同主体建筑有机融合，营造出了一种优美的育人环境。

年　　级：四年级
课程类别：毕业设计
课题名称：山东大学逸夫楼二期工程
学　　生：刘　强
授课教师：赵天蔚

评　　介：设计者电脑效果图的表现技法娴熟，主体建筑画面整体构图优美，光影变化富有层次。

课程类别：毕业设计
课题名称：青岛海洋大学科技楼
学生姓名：刘　强
授课教师：张玉明

评　　介：该电脑效果图建筑主楼表现细致，地面、天空、人物、绿化配景的刻画恰如其分，较好地衬托出主楼的设计风格。

课程类别：毕业设计
课题名称：山东莱芜华冠大厦
学　　生：侯　宁
授课教师：张玉明

评　　介：作者较好地把握了玻璃的质感表现，主体建筑墙面丰富的光影变化处理为该透视图增色不少。

年　　级：四年级
课程类别：毕业设计
课题名称：中国石化胜利油田营业厅
学　　生：侯　宁
授课教师：张玉明

评　　介：室内设计的风格简洁大方，界面材料的质地表现较好，体现出了大型国企现代企业的风格。

年　　级：四年级
课程类别：毕业设计
课题名称：德州某酒店方案
学　　生：侯　宁
授课教师：张玉明

评　　介：较好地表现了中厅的竖向构成层次，花卉、人物配景及大理石地面的处理较为丰富。

年　　级：四年级
课程类别：课程实践设计
课题名称：山东银河大厦营业厅环境设计
学　　生：李　振
授课教师：周长积

评　　介：营业大厅环境设计，采用现代设计理念与新材料、新工艺相结合，具有一种现代工业设计意识，不落俗套。

年　　级：四年级
课程类别：山东银河大厦宾馆大堂环境设计
学　　生：赵　垚
授课教师：周长积

评　　介：此宾馆大堂其色调比较统一，营造出一种宾至如归，温馨亲切的感受。

年　　级：四年级
课程类别：课程实践设计
课题名称：山东银河大厦平面环境设计
学　　生：赵　垚
授课教师：周长积

评　　介：平面布局虽然采用中轴对称的传统模式，但是在空间划分和功能布局方面，利用归纳色彩的形式，其表现比较新颖大方。

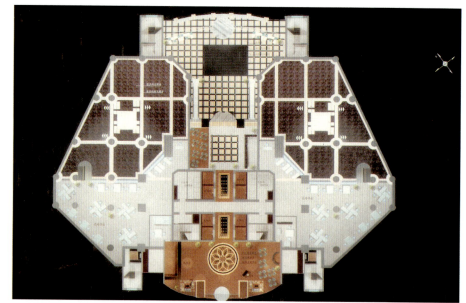

年　　级：四年级
课程类别：山东银河大厦阳光四季厅环境设计
学　　生：赵　垚
授课教师：周长积

评　　介：此设计方案简洁大方，主要以石材和金属等材料形成对比，以此体现一种现代设计意识。

大连轻工业学院艺术设计学院环境艺术设计系

　　学院始建于 1985 年，现有教师近 100 人，教授、副教授多名。学院现共有 6 个系，在校生近 2000 人，近年来环境艺术设计系的发展尤为突出，先后进行了系列教学改革，创建大背景、宽口径的教学模式，使多学科之间相互交叉、相互渗透，并设计了一个"轴"的教学体系，改变了传统的知识结构和讲授方式。例如，设置了专业课群 "空间样态设计、景观系列设计、时序设计、绿色设计、虚拟设计、模糊空间设计、ABC 设计"等，新课程的设置更有利于培养和提高学生的创造性思维，也使学生设计与实践的能力得到完整的培养。同时，学院与日本、韩国、新西兰、加拿大、法国、美国等一些院校建立了友好学校，并聘请国内外专家做学院教授，使学院始终处在学科发展的前沿。

年　　级：四年级
课程类别：环境艺术设计
课题名称：沈阳开发区公园规划与设计
学　　生：丁　峰
授课教师：黄磊昌

评　　介：处于闹市中的人类如何感受到"田园风光"的熏陶？追求宜人的户外环境与特定地域的文脉相结合来突出特色，已成为当今环境设计的主题之一。该案在探索人与环境的过程中，充分考虑到人类的行为心理需求以及环境自身的规律，同时也展现出中国园林景观的精髓——山水精神，对整个公园的形式与功能的互动关系也作了回答，可贵的是，该案进行过程中没有忽视将公园作为整个城市规划的一个因子来对待。

网上图书室
DESIGN FOR CYBER LIBRARY

| 年　　级：四年级
| 课程类别：环境艺术设计
| 课程名称：公共科技空间设计
| 课题名称：智能化教学楼设计
| 授课时数：10周
| 学　　生：宋季蓉
| 授课教师：顾　迅

评　介：随着现代教育的发展，传统的教学楼建筑已经无法满足现代个性化教学的要求，教学楼开始从内向封闭型逐渐往开放型、智能型过渡。因此，整体设计上追求简洁明快，富有时代气息与文化品位的学术环境和交往空间。

资料室设计打破了传统借阅管理模式与布局，采用大空间，其内部陈设可灵活变动，还设置了网上浏览区域。走廊设计追求简洁，布置有学生作品，供各系同学观摩点评。在丰富灵活的空间布局中，有机地穿插交流和休息空间。

灵活而有弹性的开敞式教学空间，更能满足学生多渠道获取知识的学习方式。

模特表演大厅
THE HALL FOR MODLE RERFORMANCE

| 年　　级：四年级
| 课程类别：环境艺术设计
| 课题名称：生物研究中心设计
| 学　　生：张晓棠（下）
| 授课教师：王守平　张瑞峰

评　介：作者选择了21世纪设计主题"生命设计"，将海洋生物分解成有机的碎片进行重新整合。因季相、时相，建筑的体片可伸缩、展开进行多方位移动，是具有较高技术含量构思的生态及仿生建筑。内部空间模糊多变，极富研究性、探索性和创造性。

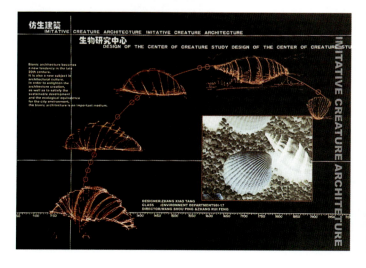

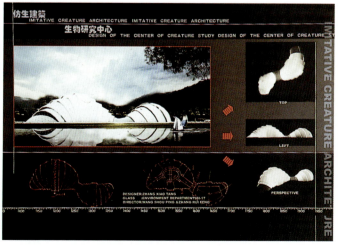

年　　级：四年级
课程类别：环境艺术设计
课题名称：女子休闲中心设计
学　　生：宋　尧
授课教师：任文东　高　巍

评　　介：作者选择探索女性空间设计，是在一个复杂的文化与经济背景下展开的。女子休闲中心设计以温柔的流线、娇美的色调、起伏的空间，构成女性独有的心理个性、心理空间及视觉空间的共生，极具东方情趣。

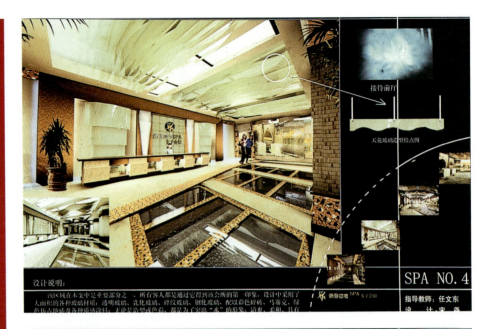

年　　级：四年级
课程类别：环境艺术设计
课题名称：概念型地下居住空间
学　　生：李　雷
授课教师：王东玮、高铁汉、王朝阳
评　　介：此设计为一未来地下生态居住空间的概念性设计。从保护自然生态，还地球一个全新的自然面貌为出发点，作者从生态的角度设计了一个解决人类地下居住的实验基地，以此来研究地下居住空间发展的可能性。方案以半球体的壳体作为一个地下空间场，建筑的形态像一根根蘑菇式的树状结构将主要活动空间和居住空间支撑起来，再将各个居住单元以插座的方式插接在树状结构上，使居住单元具有很强的扩充性。同时设计中大量考虑了环保与生态平衡，充分从生态圈的角度来合理解决建筑功能的分布，并利用太阳能、核能等装置解决地下生态系统的能量消耗。

该毕业设计作品很好的体现了科学与艺术相结合的可实施性，并在材料的运用上具有一定的突破性——将纳米技术运用到材料中，来解决传统材料的不足。作为毕业设计的一个研究性课题，此设计构思新颖独特，尽管还存在着有待推敲之处，但无论从设计还是表现效果上，已很好的达到了毕业设计作品的要求。

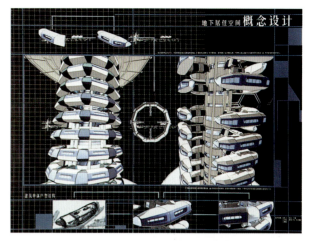

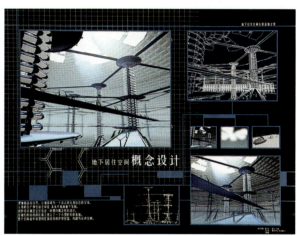

年　　级：四年级
课程类别：环境艺术设计
课题名称：紫夜咖啡厅
学　　生：伍　烨
授课教师：沈诗林

评　　介：此设计充分考虑了酒吧的特色与定位，空间布局流畅、合理，旋转楼梯的曲线造型为空间增添了一份趣味。

色彩与灯光的协调处理体现了设计师的匠心独具。但整个酒吧的设计美中不足的是家具的配置与整体气氛有所差异。

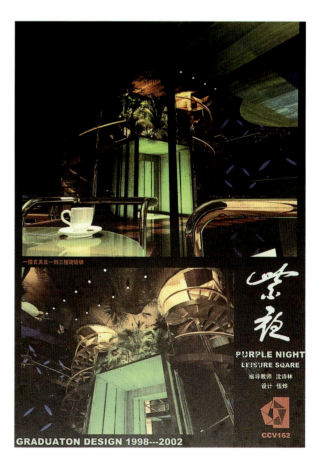

年　　级：四年级
课程类别：环境艺术设计
课程名称：别墅住宅
学　　生：王立夫
授课教师：王朝阳、王东玮、高铁汉

评　　介：此设计表现了解构主义的设计理念，通过别墅设计这一课题，运用打破重组的形式来达到设计目的和设计效果。整幅作品有一定的创新性和实用性，表现出现代居住空间的再创造，是一个颇具现代设计思想的作品。

年　　级：四年级
课程类别：环境艺术设计
课程名称：毕业设计作品
课题名称：大连轻工学院艺术设计学院教学楼改造
授课时数：10周
学　　生：张振宇
授课教师：任文东

评　　介：原纺织教学楼改为艺术设计教学楼，在原结构基础上重新整合，空间虚实围合以轻盈材质为主，色彩以白色基调，局部纯度高的色彩来控制空间导向。

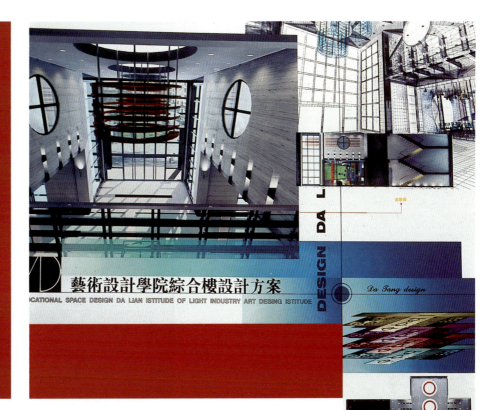

大连轻工业学院艺术设计学院环境艺术设计系

年　　级：四年级
课程类别：环境艺术设计
课题名称：野外工作站设计
学　　生：张　迪
授课教师：顾　逊

评　　介：作者设计了一个旅行式建筑与空间，整个建筑由构件组装，便于运输、组合、悬挂，室内空间及生活用品简约至极。在野外，建筑物的悬挂，使人联想起远古狩猎时代和现代的飞行时代。

年　　级：四年级
课程类别：环境艺术设计
课程名称：毕业设计
课题名称：交通空间设计局部
授课时数：10周
学　　生：赵晓凡
授课教师：任文东

评　　介：水平框架构成的交通入口，中央的文形扭转与铁线拉结的动态造型均具有强烈的视觉冲击力，增强驾驶者的注意力。

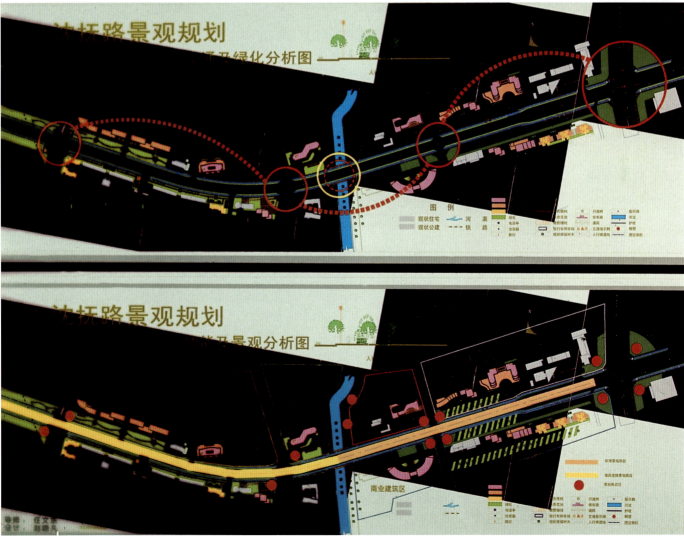

年　　级：四年级
课程类别：环境艺术设计
课程名称：毕业设计
课题名称：山地美术馆的浪漫表情（共生合一）
学　　生：张瑞峰
授课教师：王守平
评　　介：美术馆的总体构想是创造出一个有机的建筑植根于土壤，使建筑有生命、有感情、有呼吸、有语言，可成长，成为人与自然对话的空间。设计强调共生合一。共生的原则是任何元素都是重要的。例如，人与自然、天与地、上与下、内与外等。失去了对方，自己便也不存在了，这种关系叫做同一。只有满足了这种关系设计方才算完成。本案利用自然的因素，如风、水、光等，作为设计语言的表达。

"火"是建筑中的最大考验者。防火是建筑的重要环节。在设计中加入了一个大水池。它可以有效地挡住火的袭击。地面上还有水池与其呼应且与湖水相连，可供足够的喷洒。这样水作为内外互动的媒体，使水变活了，水是诗人的魅力浪漫的表现语言；

"光"是自然界中最美的。最具有表现力的光的运用会使空间格外出色。在设计中运用大量的采光井，营造出光亮的休闲大厅，通过间接和直接采光创造富有诗意的空间；

"风"是大自然的呼吸，因为它是一个有机体。我们的建筑也需要呼吸，满足人们的心理及生理需求，借助水的波纹表现空气的流动给人们视觉动感。

本案设计由三部分组成，首先以电梯为轴心产生连续的空间构成。外墙和内部产生中心偏移的不对称美。用厚重的混凝土墙来围合封闭的空间，高大的水泥墙挡住人的视线，让人产生走到尽头才豁然开朗的感觉。一个富有诗意的有机建筑是庄严、厚重、连绵、浪漫，具有生命力和力量的。这就是设计要创造的空间，在具体细部设计上切忌失去整体。运用大自然的语言将其控制，这变成了建筑与自然对话的语言。

张瑞峰同学选择了具有一定挑战意义"共生合一——山地美术馆的浪漫表情"作为毕业设计课题。整个过程表现了他对生态的关注，并体现在他最后设计成果的每一个细节中。他的设计给我们展示了一个与环境结合紧密的，尊重大自然的山地美术馆。他将火、水、光、风，这些自然的元素作为美术馆的内容和形式，从真正意义上体现了建筑与环境的结合，室内与室外、天与地的共生，人与自然的共生，有限与无限的合一。同时设计通过许多细节使整个设计变得丰满和完善。这项设计不失为优秀之作。

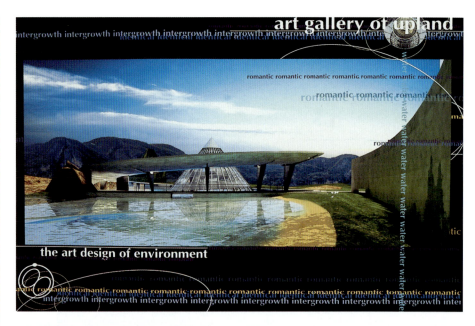

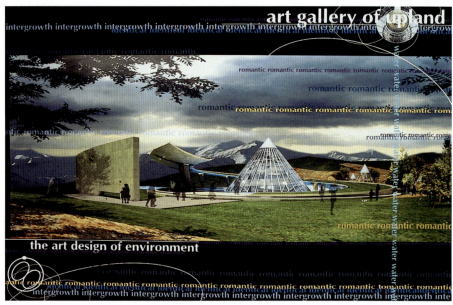

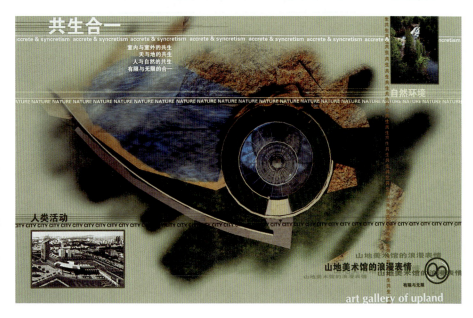

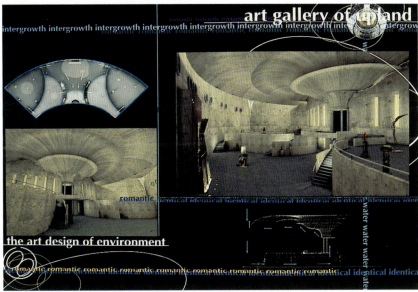
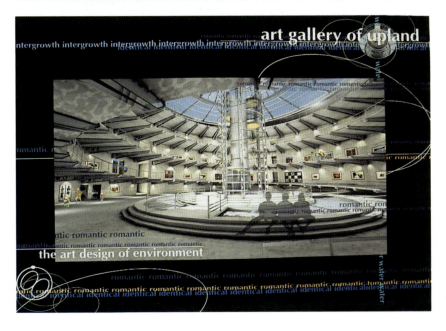

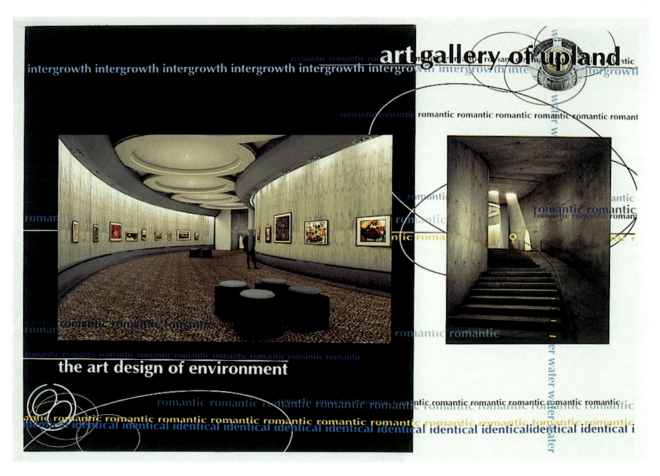

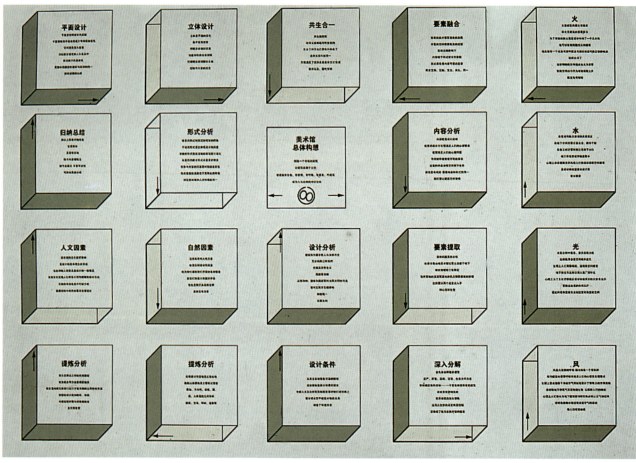

全国高校环境艺术设计专业学生优秀作品选　毕业设计　　99

年　　　级：四年级
课程类别：环境艺术设计
课程名称：毕业设计
课题名称：教育建筑设计与研究
学　　　生：高巍
授课教师：任文东

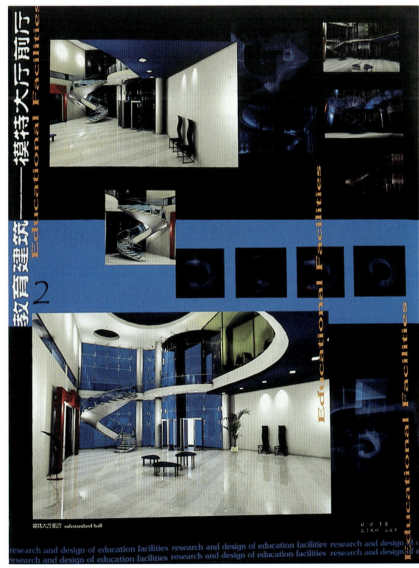

评　介：毕业设计选题为教育建筑，在设计中室内设计与功能分析及外部造型设计是同时进行的。设计尝试采用建立在简约手法基础上的设计手法。以质朴的材料强调设计元素的本质性，以提炼肌理性并加以归纳。在达到功能要求的同时，以简约有力的表达手段，对空间进行富有创造力的激情表现，以便营造一种含蓄而适度的诗情画意般的空间意境和情感。

空间是设计的主题，而空间的表现主要依靠建筑本身的形态美，如模特表演大厅前厅的螺旋楼梯以其雕塑般的造型美成为大厅中楚楚动人的一幕。中央大厅中的吊灯也是其中的一例。大厅中都留有大片素色墙面，近似中国画中的"空白"。这种本质上接近东方的沉稳和冷表情，得益于传统书法和绘画中的"笔意"和对生活的一种富有诗意的观察和思考。天窗、侧窗、窗洞的应用把变幻莫测的光引入室内。所有这些"少就是多"的追求应该是符合造价低廉的教育建筑的身份和艺术气质要求的抉择。

艺术楼的外部造型设计与内部风格如一，摒弃了商业语汇。追求材质与语言的简练、质朴以及自身的雕塑感，用虚实对比和光影变化来表达形象的生动、尺度的夸张和构件的舒展，强调了力度与超然。建筑材料选用混凝土，有很强的未知性，突出艺术个性和品位，体现了艺术和自然的融合。

高巍同学毕业设计的课题是高等学府中的教育建筑，而且是可塑性极强的艺术设计学院综合楼设计。其难度在于还是综合楼的改造设计。该同学的方案巧妙地利用原有空间，很好地满足了新功能的要求，创造了层次丰富的流动空间。在外观的设计中注意到艺术氛围的营造，使整个环境景观内外交融。大量的色彩和原木在不同的界面上的运用，使整个室内和室外空间富有现代韵味，很好地体现了现代教育空间。

100　大连轻工业学院艺术设计学院环境艺术设计系

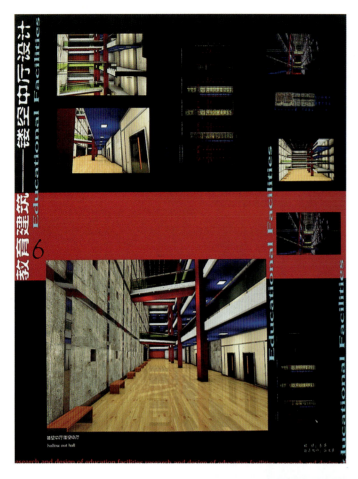

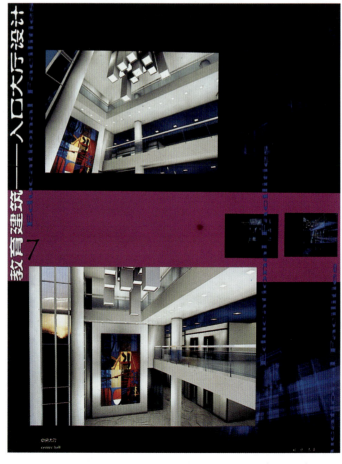

鲁迅美术学院环境艺术系

　　突出艺术院校特点,吸收兄弟院校的经验,以较强的学术性和社会需求为出发点,以提高学生的全面设计能力为目的,注重学生的美学教育和创造力的培养,造就高质量的复合型人才。

　　环境艺术设计专业,是一门专业性很强的专门学科。教学中,力求使学生不仅掌握本专业的基础理论和设计能力,同时要求其成为具备众多边缘学科知识,敢于创新,思路开阔,见闻广博,有独到见解的具全面素质的专业人才。教学不仅注重艺术修养和专业基础的培养,同时注重理论与实践相结合,加大社会实践课时。

　　环境艺术设计是一门综合学科,受经济、文化、民情、地理条件等诸多因素的制约。所以,在课程设置上加大了一些相关学科的课题研究。如:环境行为学、城建法规、创造思维训练、设计美学、环境艺术史论研究等。深化设计内涵的教学研究,逐步将课程向深度和精度上延伸,使之具备较广博的文化知识,适应市场经济需要,适应当今激烈的人才竞争。

　　充分发挥想像力,加强基本功训练,巩固手绘能力的教学,在基础课中,既解决造型能力、空间关系、视觉语言表达的训练;同时也使其得到设计想像力的培养。体现环境艺术设计的综合性,教学与实践的阶段性和科学性,制定教学定位基础。在教学上遵循审美功能与实用功能在不同设计内容中的比重,强调设计语言的表现力和可操作性,挖掘形象思维与逻辑思维的最大潜能。

　　突出环境艺术设计专业特点,强调理论与实践相结合。参观建材和装饰材料展览,参观工地及其他设计单位,使学生了解材料、施工、社会需求,以促进教学。

年　　　级：(2002年级)
课题名称：怪坡景区设计
学　　　生：鲁小川
授课教师：马克辛、文增柱

年　　级：(2002年级)
课题名称：大连环海居住小区景观设计
学　　生：戴洪涛、丁芸
授课教师：马克辛、文增柱

年　　级：(2002年级)
课题名称：北京京都名门国际商务酒店
学　　生：季道鹏
授课教师：马克辛、曲　辛

全国高校环境艺术设计专业学生优秀作品选　毕业设计　　　　　　　　　　　　　　　　　　　　　　　　　　　　105

年　　级：（2002年级）
课题名称：毕业创作
学　　生：周　彤
授课教师：马克辛

年　　级：(2002年级)
课题名称：光·材料·空间
学　　生：贾　鹏
授课教师：项瑾斐

年　　级：(2002年级)
课题名称：浑南校区规划设计
学　　生：袁德尊
授课教师：马克辛、王　伟、张　强

108　鲁迅美术学院环境艺术系

年　　级：(2002年级)
课题名称：住宅和商业综合建筑的内外装饰
学　　生：李　巍
授课教师：马克辛

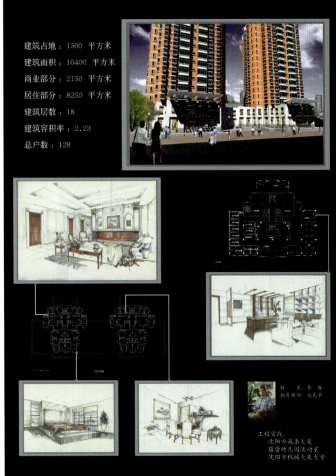

建筑占地：1500 平方米
建筑面积：10400 平方米
商业部分：2150 平方米
居住部分：8250 平方米
建筑层数：18
建筑容积率：2.23
总户数：128

设计课题：
　住宅和商业综合建筑的内外装饰
设计内容：
　康乐洗浴中心，居住生活空间。
　把商业功能和民用功能统一于建筑中，二者互不干扰。
　对欧式装饰构件的理解和运用。
商业部分：
　设计分区功能完整性。
　商业部分的经济效益。
住宅部分：
　内外装饰视觉效果的连续性。
　与城市环境想统一。

全国高校环境艺术设计专业学生优秀作品选　毕业设计　　　　　　　　　　　　　　　　　　　　　　　　109

年　　级：(2002年级)
课题名称：毕业创作
学　　生：戴洪涛、丁　芸
授课教师：马克辛、文增柱

110　鲁迅美术学院环境艺术系

年　　级：(2002年级)
课题名称：毕业设计展
学　　生：田　玥
授课教师：文增柱、施济光

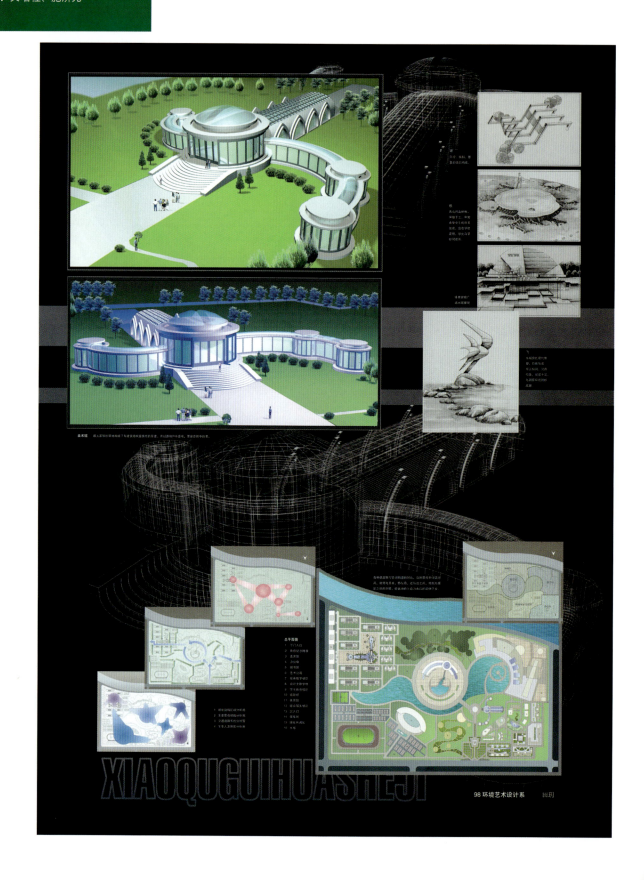

年　　　级：(2002年级)
课题名称：毕业创作
学　　　生：戴洪涛、丁芸
授课教师：马克辛、文增柱

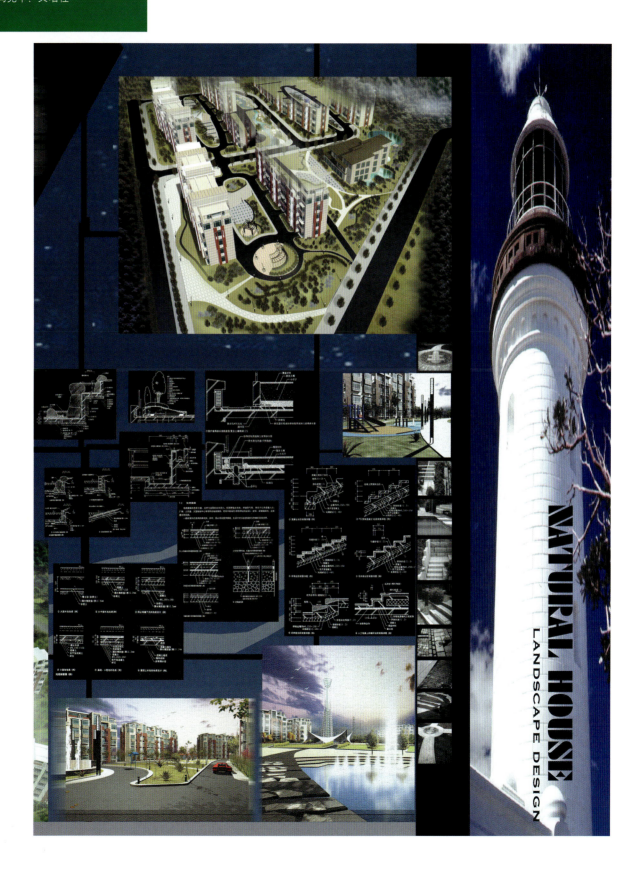

年　　　级：(2002年级)
课题名称：沈阳市中街街段规划及
　　　　　改造方案
学　　　生：曹小东
授课教师：文增柱、项瑾斐

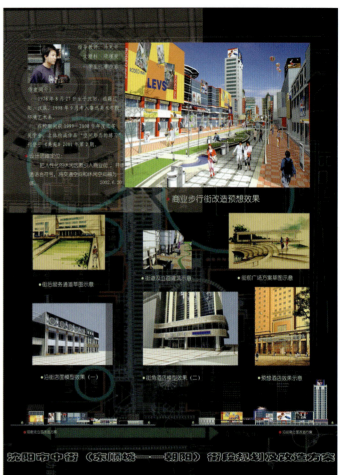

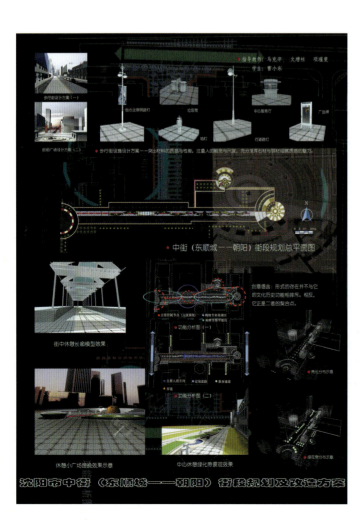

全国高校环境艺术设计专业学生优秀作品选 毕业设计

年　　级：（2002年级）
课题名称：北京天龙潭居住小区规划设计
学　　生：王亚娟
授课教师：马克辛、王　伟、文增柱、
　　　　　张　强

北京天龙潭居住小区规划设计

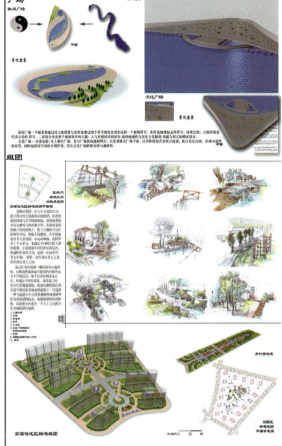

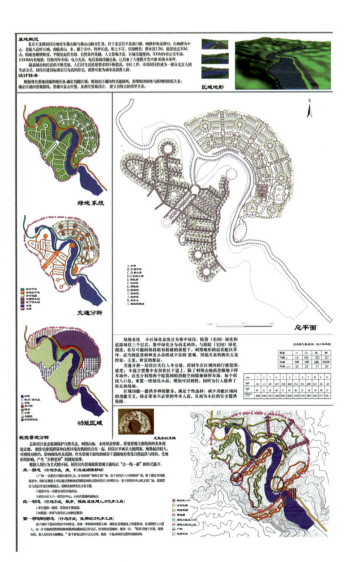

年　　级：(2002年级)
课题名称：毕业设计展
学　　生：汪　洋
授课教师：藤　月

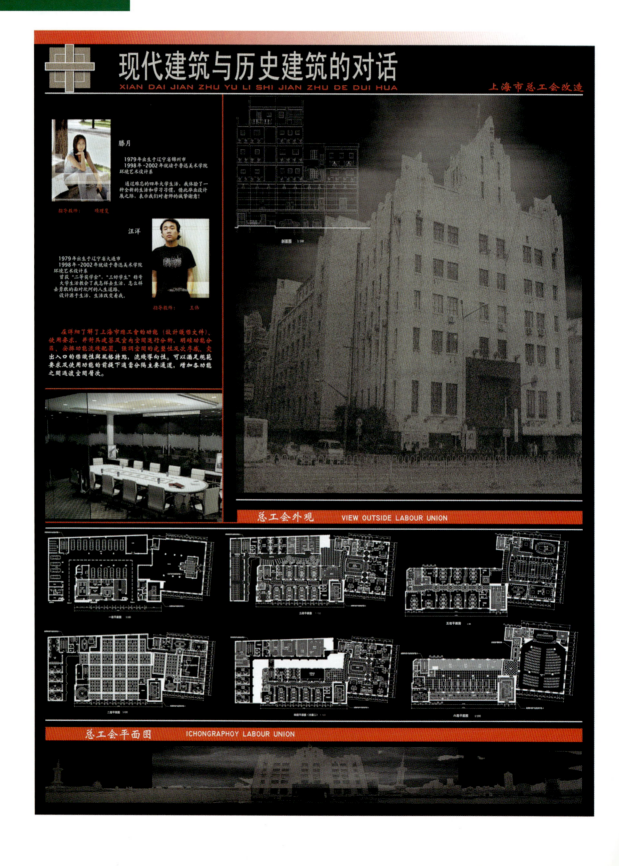

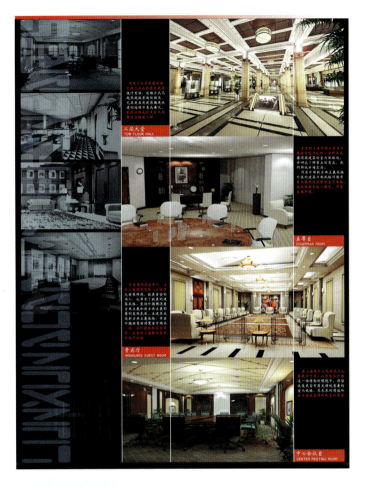
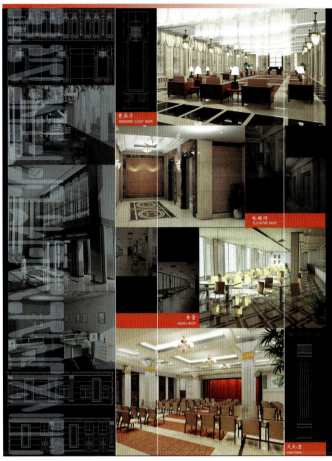

116　鲁迅美术学院环境艺术系

年　　级：(2002年级)
课题名称：大连经济技术开发区中心社区规划
学　　生：都　伟
授课教师：马克辛

全国高校环境艺术设计专业学生优秀作品选　毕业设计

年　　级：（2002年级）
课题名称：盛京商务酒店整体设计方案
学　　生：李时
授课教师：曲辛、马克辛

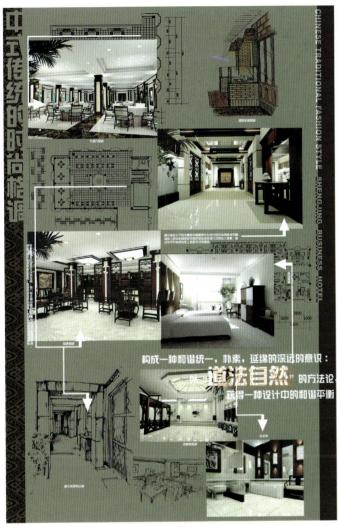

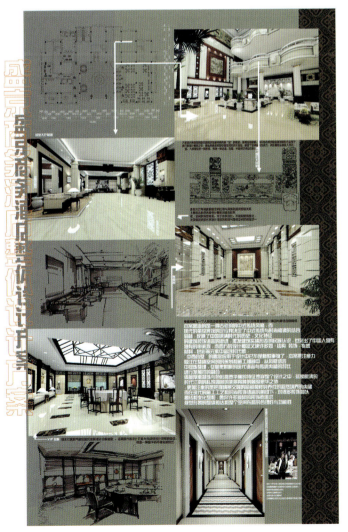

年　　级：（2002年级）
课题名称：北京某商务行政办公楼总体设计方案
学　　生：佟　玲
授课教师：曲　辛、马克辛

全国高校环境艺术设计专业学生优秀作品选　毕业设计

年　　级：(2002年级)
课题名称：毕业创作
学　　生：王　强
授课教师：马克辛、文增柱

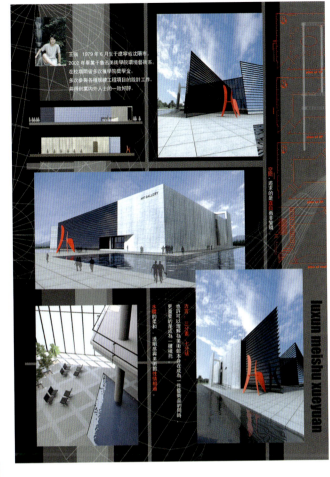

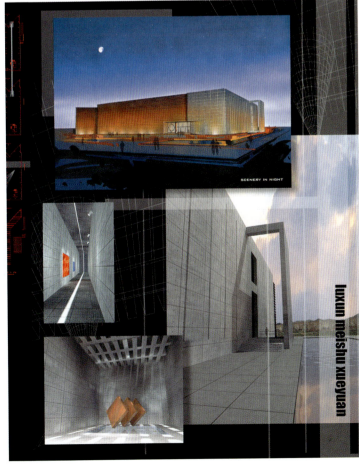

年　　　级：（2002年级）
课题名称：大连金寓小区规划设计
学　　　生：袁德尊
授课教师：马克辛、王　伟、张　强

清华大学美术学院环境艺术设计系

清华大学美术学院环境艺术设计系

清华大学美术学院（原中央工艺美术学院）是我国最早建立室内设计与环境艺术设计专业的院校。1956年11月中央工艺美术学院成立后，1957年就正式设置室内装饰系，1961年改名建筑装饰系；1976年改称工业美术系，1982年又改称室内设计系，1988年拓展后改称环境艺术设计系。1998年国家调整专业目录，环境艺术设计作为艺术设计专业下的专业方向，目前正处于学科与教学方向调整的过渡时期。

在过去的40多年中，清华大学美术学院环境艺术设计系已培养出本科生研究生千余人，其中多已成为中国环境艺术设计专业的骨干力量。在全国各大专院校、建筑设计院、研究院及其企业中作出了优异的成绩。

目前的清华大学美术学院环境艺术设计专业是包含景观与室内两大专业方向的设计教学体系。培养能在企事业、院校、科研单位从事公共环境系统设计、室内设计、景观设计、展览设计、商业设施设计、家具设计以及教学、科研工作的高级专业人材。同时招收艺术设计专业本科生、设计艺术学硕士、博士研究生。

环境艺术设计专业课程按照景观与室内两大系统设置。以基础课、专业理论课、专业基础课、专业设计课、专业实践与毕业设计5个环节展开，学制为4年。基础课以美术训练为主，开设素描、色彩、图案、空间构成等课程；专业理论课以建筑理论为主，开设建筑历史、环境设计概论、环境行为心理等课程；专业基础课以设计基础训练为主，开设工程制图、设计表现、计算机辅助设计、人机工程学、建筑设计基础等课程；专业设计课以室内设计专业训练为主，开设室内设计、家具设计、环境照明设计、环境色彩设计、环境绿化设计、陈设艺术设计等课程；专业实践与毕业设计结合社会专业考察调研和社会工程项目进行。

专业授课采用集中单元制与周课时制两种方式进行。集中单元制授课方式时间相对集中，一般以四周为一单元，这种方式适合动手操作性强，需要连贯思维训练的课程；周课时制与一般院校的授课方式相同，这种方式适合信息积累与综合融汇思维训练课程，所以基础课通常采用前一种方式，设计课通常采用后一种方式。

专业教学重视学生动手能力的培养，强调图形思维表达方式的训练。因此，强调学生深入建筑空间进行徒手速写，感受空间形态、空间尺度的基础训练。专业设计表达通过平面图形与模型两种方式进行。在设计表达中强调举一反三的构思图形训练。

20世纪90年代中期之前，室内设计教学以手绘设计表现图的训练促进设计思维概念的建立；之后则转换为以多渠道的思维表达方式建立设计概念的训练方法。计算机的大量使用是这种转换的直接动因。目前，在课程设置上概念性设计课程所占的比例远高于以往。

由于中国经济近年来的高速发展，室内设计专业的学生在校学习期间，能够接触到大量的社会实践，由于承接国内外许多重大项目的环境艺术室内设计任务，使学生在走出校门之前就能够真刀真枪的实干，从而大大缩短了成才的时间。

专业的教学通常采用讲授、调研、辅导、交流、作业等手段。

| 全国高校环境艺术设计专业学生优秀作品选　毕业设计 | 123 |

年　　级：1996级四年级
课程名称：毕业设计
课题名称：天津保税区国际商务交流中心
　　　　　室内设计
学　　生：陆轶辰
授课教师：梁世英、潘吾华、刘玉楼

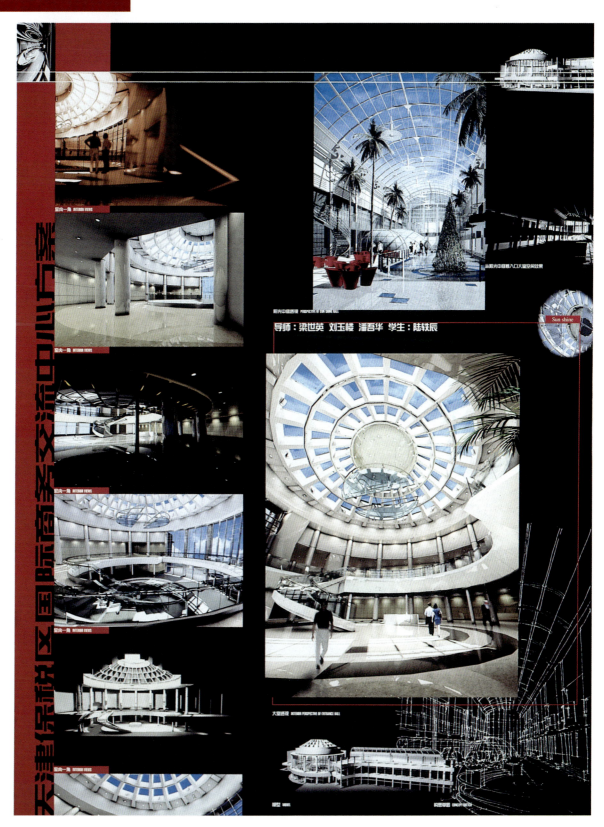

年　　级：1996级四年级
课题名称：天河大厦酒店与办公空间
　　　　　室内设计
学　　生：高淼
授课教师：梁世英、潘吾华、刘玉楼

年　　级：1997级四年级
课题名称：景观规划方案设计
学　　生：王莹莹
授课教师：苏丹

全国高校环境艺术设计专业学生优秀作品选　毕业设计

年　　级：1997级四年级
课题名称：城市广场设计
学　　生：孙　峥
授课教师：郑曙旸、杨冬江

年　　级：1997级四年级
课题名称：建筑空间设计
学　　生：韩　风
授课教师：郑曙旸、张　月、刘铁军

年　　级：1997级四年级
课题名称：概念设计
学　　生：陈亮
授课教师：苏丹

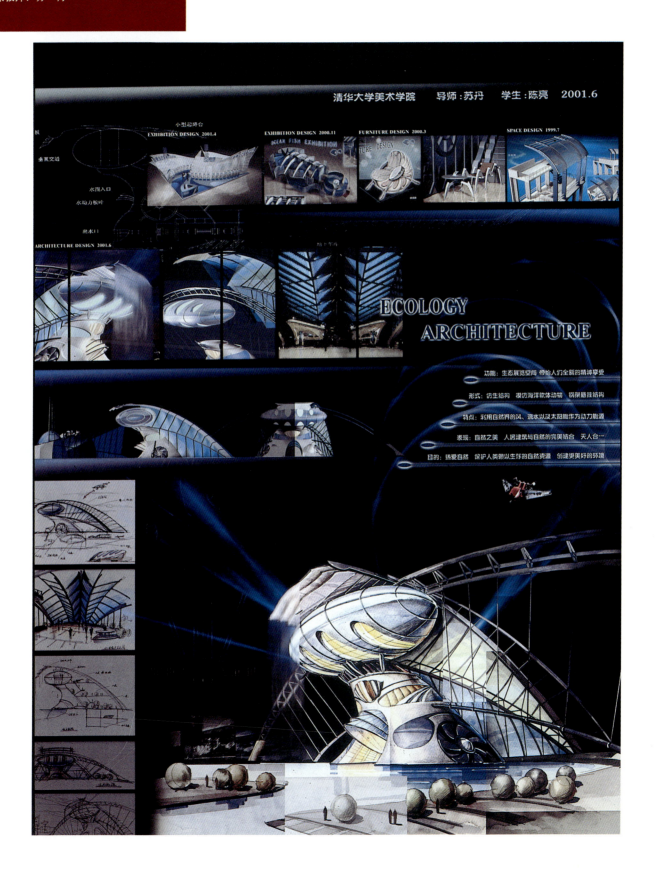

128　清华大学美术学院环境艺术设计系

年　　级：1997级四年级
课题名称：办公空间设计
学　　生：任　曦
授课教师：郑曙旸、苏　丹